있어빌리티
교양수업

생활 속의 물리학

있어빌리티

교양수업

생활 속의 물리학

나는 알고 너는 모르는 인문 교양 아카이브

제임스 리스 지음 | 박윤정 옮김

토트

서문

당신을 둘러싼 세상은 물리법칙으로 가득하다. 하지만 우리는 얼마나 많은 일이 물리법칙 때문에 일어나는지 알지 못한 채 일상을 살아간다. 예를 들어 이 책을 읽는 일은 많은 물리법칙을 포함한다. 책과 당신을 묶어 두고 있는 원자, 당신이 글자를 볼 수 있게 해주는 빛, 당신이 쓰는 장치의 전자, 당신 주위의 온도, 당신과 책을 제자리에 고정시키는 중력 그리고 당신 발아래 지구의 움직임까지 말이다.

사실 당신이 세상에 대해 던지는 근본적인 질문 중 상당수는 물리학으로 해결할 수 있다. 이 책에서 우리는 100가지가 넘는 질문에 대한 답을 제시한다. "금속을 금으로 바꾸어 주는 현자의 돌이 진짜 존재할까?", "1킬로그램의 무게는 얼마일까?" 같은 본질적인 질문부터 "정말로 머리를 사용하면 자동차 문을 열 수 있을까?", "와이파이는 어떻게 작동하는가?"와 같은 현실적인 질문까지 말이다. 이런 질문에 대한 답변은 물리학이 당신의 학창 시절 기억보다 훨씬 더 재미있고 다음 저녁식사 모임에서 당신을 가장 똑똑한 사람으로 만들어 줄 흥미로운 학문임을 알게 할 것이다.

이 책을 읽다 보면 많은 질문이 서로 연결되어 있다는 것을 알게 된다. 이것이 물리학의 가장 큰 기쁨 중 하나다. 우리 주변의 법칙과 규칙은 서로 연결되어 있어서-예를 들어 "왜 자동차는 쌩하는 소리를 내며 달리는 걸까?"와 "우주의 중심에는 무엇이 있을까?"와 같이-완전히 다른 두 질문도 생각보다 공통점이 많다.

시작하기에 앞서 작은 경고를 하나 하겠다. 물리학은 지금도 (또 앞으로도 언제나) 진행형이다. 1800년대 후반, 물리학은 몇 가지만 증명하면 완성되는 죽어가는 학문으로 여겨졌다. 그러다 알베르트 아인슈타인의 상대성이론이 모든 것을 뒤엎었다. 물리학에서는 어떤 질문에 대한 답이 더 많은 질문을 불러오는 경우가 흔하다. 사실 여기 있는 각 질문에 대한 답 하나만으로도 책 한 권을 쓸 수 있다. 그러나 이 책은 당신이 복잡한 물리학의 경이로움을 맛보는 데까지만 들어가려 한다. 이 책에서 유독 당신의 흥미를 끄는 것을 발견하게 된다면 당신은 정말 행운아다. 그 질문이 당신을 새로운 세상으로 인도해줄 테니 말이다.

차례

납 상자에 보관할 만큼
위험한 공책의 주인공은 누구?

아인슈타인은 정말 수학에서 낙제했을까?

수학을 어려워하는 학생들에게 반복해서 들려주는 이야기가 있다. 세계에서 가장 똑똑한 사람 중 하나도 학교 다닐 때 수학 과목에서 낙제를 받았고 공부를 못했다는 것이다. 그런데 그게 사실일까?

아인슈타인이 낙제했다고 누가 그래?

아기일 때 알베르트 아인슈타인은 완벽하게 정상이었다. 말을 늦게 배운 것 같지도 않고

학습 장애도 없었다. 처음 학교에 갔을 때 아인슈타인은 공부를 잘하긴 했지만 특별히 뛰어난 학생은 아니었다. 다만 학습 과정에서 그리고 교사를 대하는 데 있어서 어려움을 겪는 것처럼 보였다. 이것을 제외하고는 11세 무렵 아인슈타인은 이미 대학 수준의 교재를 읽고 있었으며 물리에 큰 관심을 가졌다. 그럼 그가 수학에 낙제했다는 이야기는 어디에서 나왔을까? 사실 아인슈타인은 취리히 연방 공과대

학교 입학시험에서 낙방한 적이 있다. 하지만 이때 아인슈타인은 또래보다 2년 먼저 대학 입학시험을 봤고 시험에서 떨어진 것도 수학이 아니라 불어와 자연과학 점수가 나빴기 때문이다.

아인슈타인은 얼마나 똑똑했나

아인슈타인이 천재라는 건 모두가 아는 사실이다. 하지만 그가 얼마나 놀라운 천재였는지 제대로 이해하는 것은 어려운 일이다. 1905년 아인슈타인은 26세 나이에 박사학위를 받았고 특허사무소에서 일하고 있었다. 그해에 그는 4가지 각각 완전히 다른 주제에 대해 4편의 획기적인 논문을 발표했다. 이 논문 중 하나만으로도 그는 동시대에 가장 중요한 과학자가 되었다. 일생 동안 아인슈타인은 300여 편의 논문을 발표하며 물리학의 여러 중요 분야에 크나큰 기여를 했고 오늘날까지 가장 존경받는 과학자 중 하나로 손꼽힌다.

아인슈타인의 업적

아인슈타인의 가장 큰 과학적 기여는 아마도 상대성이론일 것이다. 상대성이론이란 우주에는 단일한 절대적인 기준계가 있는 것이 아니라 모든 것이 상대적이라는 개념이다. 아인슈타인이 10년에 걸쳐 이 개념을 완성하고 마침내 1915년에 상대성이론을 수학적으로 증명한 논문을 발표했을 때, 우주에 대한 우리의 관점은 1687년 뉴턴의 『프린키피아 Philosophiæ Naturalis Principia Mathematica』 이후 가장 크고 근본적인 변화를 겪게 되었다.

또한 아인슈타인은 광전자효과를 설명하여 이후 물질의 파동-입자 이중성이 널리 받아들여지는 계기를 마련했고 브라운운동(액체나 기체 안에 존재하는 거대한 입자가 끊임없이 불규칙적으로 움직이는 현상)을 설명하여 원자 이론의 발전을 이끌어냈으며, 그의 유명한 공식인 $E=mc^2$으로 잘 알려진 질량과 에너지의 등가원리를 발견하여 원자폭탄을 포함한 원자핵에너지 발전의 토대를 마련했다.

11

사고뭉치 개 때문에
만유인력이 빛을 못 볼 뻔했다고?

개를 키우는 사람이라면 개가 사랑스럽고 충성스럽긴 하지만 꽤나 칠칠맞지 못하다는 것을 잘 안다. 실제로 아이작 뉴턴의 반려견 때문에 불이 나서 중력에 대한 뉴턴의 초기 원고가 불에 타버렸다고 한다.

다이아몬드, 대체 무슨 짓을 한 거니?

뉴턴은 개를 매우 좋아해서 다이아몬드라는 이름의 포메라니안을 키우고 있었다. 어느 날 저녁, 촛불을 켜놓고 중력이론에 대해 연구하던 뉴턴은 잠시 연구실 밖으로 나갔다. 뉴턴이 나간 사이에 개가 연구 논문으로 뒤덮인 테이블 위로 뛰어오르며 촛불을 넘어뜨리는 바람에 작은 화재가 발생했다. 다행히 불이 번지지 않아 방이 많이 타지는 않았지만 뉴턴의 논문은 모두 불에 타고 말았다. 추측건대 사무실로 돌아온 뉴턴은 개에게 이렇게 말했을 것이다. "오 다이아몬드, 다이아몬드, 너는 네가 한 짓이 얼마나 큰일인지 알지 못하겠지." 이후 뉴턴은 수개월간 실의에 빠져서 헤어 나오지 못

했다. 그리고 1년 후에야 잃어버린 아이디어를 다시 논문으로 작성하기 시작했다. 이 이야기는 뉴턴의 사과 이야기와 마찬가지로 사실이 아닐 수도 있다. 하지만 역사상 가장 위대한 사람에게도 불운이 찾아올 수 있다는 점은 어떤 면에서 위안이 되지 않는가.

고난 끝에 찾아온 만유인력의 등장

이런 불운에도 불구하고 뉴턴은 1687년 마침내 자신의 걸작인 『프린키피아』를 출간했다. 이 논문에서 그는 행성과 달이 움직이는 원리를 만유인력이라는 아이디어로 풀어냈다. 이 논문으로 지구가 우주의 중심이라는 주장이 완전히 사라졌으며 오늘날 우주에 대한 이해의 토대가 마련되었다.

미적분이 없었다면 지금의 물리학도 없다

뉴턴이 중력만 연구한 것은 아니다. 그는 연금술, 빛의 성질 및 여타 다른 주제에 대해서도 연구했다. 과학에 있어서 뉴턴의 가장 큰 공헌은 엄밀히 말하자면 발견 그 자체가 아니다. 사실 현재에도 자연 세계를 탐구하는 최고의 방법 중 하나인 미적분학을 창안한 사람이 바로 뉴턴이다. 미적분학의 중요성은 이루 말할 수 없다. 현대 세계를 지탱하는 물리학의 대부분은 (어떤 식으로든) 미적분학을 이용한 계산 결과다.

하지만 아마도 이보다 더 중요한 것은 뉴턴의 도움으로 과학 탐구의 목적을 정의하게 됐다는 점이다. 뉴턴은 최초로 물리학의 궁극적 목표가 우주의 기본 원칙을 발견하고 이해하는 데 있다고 말한 사람이다. 또한 뉴턴 덕분에 근대 과학적 연구 방식의 체계가 완성되었다. 그는 올바른 이론은 관측 가능한 실제 세계와 완전히 맞아 떨어져야 하며, 실제 세계와 차이가 있고 그 차이를 설명할 수 없다면 그 이론은 틀린 것이라고 말했다.

이것은 생각보다 쉬운 질문이 아니다. 기술적으로는 아이작 뉴턴이 최초의 물리학자다. 뉴턴 이전에 물리학은 "자연철학"이라는 폭넓은 연구 분야의 일부분에 불과했기 때문이다. 하지만 물리학은 그전부터 오랫동안 연구되었으므로 이것은 만족할 만한 답이 아니다.

밀레투스의 탈레스

최초의 물리학자라고 할 만한 사람은 현재의 터키 지역인 밀레투스에서 태어난 탈레스(기원전 624~526년 무렵)다. 탈레스는 철학자이자 천문학자이며 수학자였고 폭넓은 연구를 했던 현자였다. 물론 탈레스는 자신이 살고 있는 세계가 왜 이렇게 만들어졌는지에 대해 질문을 던진(이것은 그리스의 위대한 전통이었다) 최초의 사람은 아니었지만, 그 질문을 탐구하기 위한 그만의 독특한 방식 때문에 최초의 물리학자라고 할 수 있다.

탈레스는 모든 사건이 자연적으로 발생한다고 주장했다. 오늘날 우리가 보기엔 당연한 이야기 같지만 고대 그리스인은 본질적으로 자신의 세계관을 신과 연관 지었으며 신이 세상사에 미치는 영향에 대해 많이 고민했다.

탈레스는 이 생각을 더욱 확장하여 밤하늘의 종류를 분류하고 사물을 형성하는 물질을 찾고 자신이 무엇을 발견할지 예측하려고 노력했다.

헬레니즘 시대의 과학 혁명

물리학이라는 개념이 뉴턴(1643~1727년) 시대가 되기까지는 확립되지 않았으나 고대 그리스인은 오늘날 우리가 알고 있는 과학 원리의 토대가 된 많은 발견을 했다.

아리스토텔레스(기원전 384~322년 무렵)는 무엇이 옳은지를 판단하기 위한 논리적 사고 개념을 만들었다. 또한 그는 최초로 물질의 운동과 구성 요소를 설명하려고 시도했다. 그의 연구는 후대에 크나큰 영향을 끼쳐서 갈릴레이(1564~1642년)의 시대까지 주요 학파로 자리잡았으며 오늘날까지 중요하게 여겨진다.

아르키메데스(기원전 287~217년 무렵)는 위대한 발명가였으며 수학을 물리 세계에 처음 적용했다. 이로 인해 완전히 새로운 물리학 탐구 방식을 개척했으며 부력과 힘 등을 놀랍도록 정확히 예측했다.

오른쪽 그림 속의 프톨레마이오스(100~170년 무렵)는 관측과 아리스토텔레스의 이론을 바탕으로 아르키메데스의 수학을 적용하여 우주 모델을 만들었다. 지구가 중심에 있는 이 모델은 비록 틀린 것이었지만 이런 각종 요소를 한데 접목시켰다는 데 의의가 있다.

거인들의 어깨 위에 선 뉴턴

누가 최초의 진정한 물리학자였는지 꼭 집어 말하기는 매우 어렵다. 심지어 아이작 뉴턴조차도 오늘날 우리가 말하는 물리학자에게 필요한 모든 도구를 사용하지 않았다. 물리학은 세대를 넘어 수많은 사람들이 했던 연구가 축적되어 우리가 사는 세계를 보다 잘 이해하게 되는 하나의 과정이다. 뉴턴은 친구에게 보낸 편지에 이렇게 썼다. "내가 세상을 멀리 볼 수 있었던 것은 내가 거인들의 어깨 위에 서 있었기 때문이다."

이단 재판을 받은
불운한 물리학자가 있었다고?

주류 종교가 늘 변화를 포용한 것은 아니다. 수 세기 전 가톨릭교회는 사람들에 대한 영적 지도를 넘어서는 강한 권력을 가지고 있었다. 그리고 그 권력을 철저히 수호했다. 그래서 1633년 갈릴레오 갈릴레이가 교회의 지혜를 공개적으로 비웃었다고 판단한 교회는 그를 이단으로 종교재판에 회부했다.

우주의 중심에 태양이 있다

서력기원이 시작될 무렵부터 지구가 우주의 중심이며 모든 것이 지구를 중심으로 회전한다는 프톨레마이오스의 이론이 널리 받아들여졌다. 프톨레마이오스 이전과 이후의 동료를 비롯하여 이 이론이 옳지 않다고 생각한 사람도 많았지만 로마제국이 몰락한 후 이슬람 황금시대에는 서구 과학이 쇠퇴하고 근본주의 신학 부흥과 함께 근본주의적 성경 해석에 힘이 실리면서 지구중심설(천동설)이 우세해졌다.

그러나 1600년대 초반 지구중심설이 틀렸다는 증거가 나타나기 시작했다. 1543년 출판된 니콜라우스 코페르니쿠스의 수학적 태양계 모델에서는 태양이 중심에 놓여 있었으며

1609년 요하네스 케플러가 발표한 행성의 움직임에 대한 상세한 연구가 태양중심설(지동설)을 뒷받침하면서 태양중심설이 대두되었다. 갈릴레오는 새롭게 발명된 망원경으로 하늘을 보면서 목성의 위성이 지구가 아닌 목성 주위를 회전하는 것을 관측했을 때 생각을 굳혔다.

종교재판에 회부되다

1610년 갈릴레오는 『시데레우스 눈치우스 Sidereus Nuncius』(라틴어로 '별의 메시지'라는 뜻)를 발행하여 모든 것이 지구 주위를 회전하지 않는다는 자신의 이론을 밝혔다. 그의 책은 논란거리가 되었지만 갈릴레오의 관측은 명확

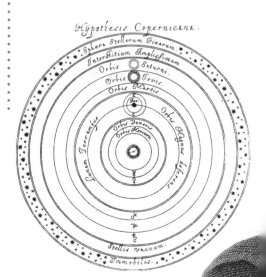

했고 다른 사람들도 쉽게 반복적으로 이를 관측할 수 있었다. 그는 이때 처음 가톨릭교회의 분노를 샀다. 이 책은 이단적이라는 죄목으로 바티칸의 종교재판에 회부되었다. 갈릴레오의 옹호 노력에도 불구하고 이 책은 성서에 반하는 내용이 있다는 이유로 이단으로 선포되었다. 이 책은 (다른 사람들의 유사한 연구와 함께) 금서가 되었고 갈릴레오는 태양중심설을 포기하라는 명령을 받았다.

몇 년이 지난 후인 1632년 갈릴레오는 두 번째 저서인 『대화Dialogue』를 출간함으로써 벌집을 들쑤시기로 결심했다. 이 책에는 지구가 우주의 중심이라는 이론을 크게 비판하는 주장이 담겨 있었으며, 천동설을 옹호하는 사람들을 멍청이라고 표현하는 등 형편없는 사람으로 묘사했다. 그래서 1633년 갈릴레오는 다시 한 번 바티칸 종교재판에 회부되었고 이번에는 이단 죄목으로 직접 재판을 받았다. 증거를 볼 때 명백한 유죄였고 교회는 이단을 처벌하라는 심한 압력을 받고 있었기에 재판은 유죄 판결로 끝났다. 갈릴레오는 종신형에 처해졌으나 곧 가택 연금으로 감형받았다.

이단의 유산

많은 과학적 아이디어가 이단으로 치부되었다. 공식적으로는 거의 태양중심설을 채택했음에도 불구하고 과학이 성서와 충돌하면서 대륙표류설이나 세균 이론, 혈액순환과 진화 같은 가설과 주장 모두 오랜 시간 비난을 받았다. 갈릴레오 시대에도 많은 추기경이 그의 작품을 연구하고 아이디어를 변호했듯이 종교가 항상 과학에 반대한 것은 아니다. 그러나 조직화된 종교에 대한 정치적 기대 때문에 때때로 과학에 반대하는 입장을 취하기도 했다.

납 상자에 보관할 만큼
위험한 공책의 주인공은 누구?

위험한 과학 장비를 떠올릴 때 우리는 거대한 레이저, 대형 자석 또는 치명적인 화학약품을 생각한다. 누구도 단순한 공책이 위험하다고 생각하지는 않는다. 하지만 사용한 지 100년이 다 됐지만 너무나 위험해서 납땜한 상자에 보관해야 하는 과학자의 공책이 있다. 이 공책의 주인은 마리 퀴리다.

납으로 감싼 마리 퀴리의 관

마리 퀴리는 최초로 방사능 원소의 성질을 상세히 연구한 과학자다. 그 당시 그녀는 몰랐지만 핵 방사능은 매우 위험하며 여러 형태로 나타난다. 그녀의 연구실은 폴로늄과 라듐의 방사능 샘플로 가득 찼고 그녀는 오랫동안 이 물질을 병에 담아 주머니에 넣고 다녔다. 방사능의 위험 중 하나는 충분히 강력한 방사능에 오랜 시간 노출될 경우 그 물체가 방사능에 감염되어 직접 방사선을 방출하게 된다는 점이다. 퀴리의 거의 모든 소지품은 그녀가 사용한 물질로 인해 방사능에 완전히 감염되었다. 퀴리는 결국 방사능 관련 질

병으로 사망했다. 그녀의 시체는 방사능이 너무 심하여 방사능 유출 피해를 막기 위해 관을 2.5센티미터 두께의 납으로 감싸야 했다.

여자가 물리학 연구를 한다는 것은

물리학의 역사를 남성이 지배했다는 것은 비밀이 아니다. 단지 아주 가끔 여성이 발자취를 남겼다. 이런 남성 중심적인 세계에서 퀴리는 자신을 증명해야 했다. 그녀는 여성이기에 고등교육을 받을 수 없어 폴란드에서 여성이 몰래 교육 받을 수 있는 비정규 대학인 플라잉 대학Flying University에서 공부했다. 그녀는 마침내 파리대학에 입학하게 되었고 가난했지만 열심히 공부하여 2개의 학위를 취득했다. 여기에서 그녀는 미래의 남편이자 연구 파트너인 피에르를 만났다. 잠깐 폴란드로 돌아왔지만 여성이라는 이유로 크라쿠프대학에서 취업을 거절당해 다시 파리에 정착했다.

퀴리는 그 당시 새롭게 발견된 엑스레이를 탐구하기로 결심했다. 제대로 된 실험실이 없다는 점도 그녀를 막지 못했다. 그녀는 자신이 교사로 있던 학교 옆 헛간을 개조해서 실험실로 사용했다. 퀴리는 여자가 연구를 한다는 사실을 받아들이지 못하는 사람들이 있다는 것을 깨닫고 난 후 자신의 연구가 남편의 것이 아닌 본인의 것임을 분명히 하기 위해 많은 노력을 기울였다. 마침내 그녀는 연구 성과를 인정받아 방사능 연구로 남편 및 또 한 명의 과학자와 함께 노벨 물리학상을 수상했으며 후에 노벨 화학상도 수상했다.

백만 명 넘게 진단한 휴대용 엑스레이

퀴리의 공헌은 이론적 연구를 넘어선다. 제1차 세계대전 중 그녀는 적십자의 방사능 의무반을 총괄하며 휴대용 엑스레이 기계를 만들어 부상 입은 병사의 진단을 도왔다. 백만 명이 넘는 군인이 그녀가 만든 장비의 도움을 받은 것으로 추정된다. 전쟁이 끝난 뒤 그녀는 방사능 연구를 위한 기금 모금과 캠페인에 대부분의 시간을 쏟아 1934년 사망하기 전까지 전 세계를 돌며 강의를 하고 많은 저명한 과학 단체에서 중요한 역할을 맡아 활동했다.

연구 보조생은 큰 공을 세워도 노벨상을 받을 수 없을까?

요즘 과학은 협업이다. 외톨이 괴짜 물리학자가 자기 집에 있는 실험실에서 엄청난 논문을 쓰던 시대는 끝났다. 이제 수십 명 심지어 수백 명의 사람들로 구성된 집단이 함께 문제를 해결하기 위해 노력한다. 따라서 발견에 대한 공을 누가 차지할 것인가를 결정하는 것이 좀더 까다로워졌다. 그리고 이 때문에 조슬린 벨 버넬은 노벨상을 놓쳤다.

노벨상은 과연 누구에게 돌아가야 할까

1967년 조슬린 벨 버넬은 앤터니 휴이시 교

수의 지도를 받는 박사과정 학생이었다. 그녀는 2년 동안 기둥과 전선으로 이루어진 4.5에이커(1만 8,000제곱미터) 크기의 전파망원경을 만드는 것을 도왔다. 완성된 전파망원경은 하루에 30미터에 달하는 종이 차트를 만들어냈고 버넬은 이를 분석해야 했다.

어느 날 그녀는 데이터에서 이상한 흔적을 발견했다. 수개월간 장비 이상을 확인하고 천체의 같은 지점에 대해 수차례 상세히 판독한 이후에도 그 흔적은 그대로였다. 여기에서 그녀는 자신이 데이터에서 본 것이 실재하며 우주에 있다고 결론지었다. 그녀는 망원경으로 우주의 서로 다른 지역에서 몇 가지 이상한 신호를 발견했는데 모두 일정한 패턴으로 신호를 내보내고 있었다. 이 신호는 후에 펄서Pulsar(맥동하는 별Pulsating Star)의 증거로 밝혀졌다.

펄서의 발견은 많은 관심과 인정을 받아 그 내용을 세상에 처음 발표한 1968년도 논문 〈빠르게 맥동하는 전파원에 대한 관측〉은 노벨상후보로 선정되었다. 앤터니 휴이시와 동료 학자인 마틴 라일은 전파천문학 연구를 개척한 공로로 1974년 노벨 물리학상을 수상했다. 그러나 펄서를 처음 발견한 당사자인 버넬은 상을 받지 못했다.

버넬은 정말 노벨상을 뺏긴 것일까?

노벨상은 최대 3명까지 수상할 수 있다. 그럼 수백 명이 발견에 도움을 주었을 땐 누가 상을 받을까? 노벨상은 비록 수상자가 다소 정치적으로 결정되기도 하지만 대개 프로젝트의 선임 과학자와 가장 공헌이 큰 사람에게 돌아간다. 조슬린 벨 버넬이 최초로 펄서를 발견했고 추가적인 연구를 추진했기 때문에 많은 사람들은 그녀가 노벨상을 뺏겼다고 느낀다. 그러나 정작 버넬은 이렇게 말했다.

"연구 보조 학생이 노벨상을 받는다면 노벨상의 권위를 떨어뜨리는 일이 될 것입니다. 아주 특출한 경우는 예외가 되겠지만 제가 그런 특출한 경우라고 생각하지 않습니다. 저는 (노벨상을 수상하지 못한 것에 대해) 화가 나지 않습니다."

작은 초록 외계인이 보내는 신호

펄서는 강한 자기장을 가진 매우 작고 밀도가 높은 별이다. 그래서 전자기복사에 의해 엄청난 빛을 뿜어낸다. 또한 별이 매우 빠른 속도로 회전하므로 그 빛은 마치 등대 불빛처럼 움직인다. 그 결과 지구의 망원경에서 보면 하늘에서 보내는 점멸 신호로 관측된다. 펄서의 신호는 최고 성능의 원자시계만큼이나 일정하다. 버넬과 연구 팀이 미스터리한 신호의 원천에 대해 연구하고 있을 때 이 완벽한 신호는 외계 문명이 보내는 게 아닐까라고 잠시 여겨졌다. 이 생각은 곧 묵살되었지만 '작은 초록 외계인LGM(Little Green Men)'이라는 이 별명은 그 원천이 밝혀지고 펄서라는 이름이 붙여질 때까지 사용되었다.

위대한 물리학자가 예의를 지키다 사망했다는데 정말일까?

무례하게 굴고 싶은 사람은 없다. 하지만 어떤 사람들은 남보다 이걸 중요하게 여겨서 남의 기분을 상하게 하지 않으려고 무엇이든 한다. 그러나 튀코 브라헤는 도가 지나쳐서 에티켓을 지키려다 결국 죽게 되었다.

예의 바르고 불쾌한 죽음

1601년 10월 13일 튀코 브라헤는 연회에 참석했다. 식사 도중 화장실에 가고 싶었지만 식사 중에 자리를 뜨는 것이 무례할 수 있기 때문에 꾹 참았다. 그러나 그는 집에 돌아와서도 소변을 볼 수 없게 되었다. 결국 그는 방광 파열로 사망했다.

예술과 과학에 헌신한 브라헤

브라헤는 덴마크 왕에게 섬과 작위를 수여받았고 자신의 섬에 지은 성에서 예술과 과학에 헌신하여 훌륭한 과학 도구를 많이 만들어냈다. 그 성은 학습과 실험의 중심지가 되었다. 브라헤는 뛰어난 천문학자였다. 그는 자신의 장비로 그 시대 누구보다 뛰어난 관측을 했다. 그가 작성한 천체 목록과 방대한 데이터는 과학 혁명이 꽃피운 시기에 중요한 참고 자료가 되었다. 그의 연구는 실증주의와 정확하고 객관적인 과학 계측의 기준이 되었다. 뿐만 아니라 그는 초신성을 발견하였으며 과거에 생각했던 것보다 천체가 지구에서 멀리 떨어져 있다는 것을 증명하기도 했다.

결투 끝에 얻은 것은 놋쇠 코

사람들 말에 따르면 튀코 브라헤는 괴짜였다. 그의 기행에 대한 이야기는 몇 권의 책을 써도 모자랄 정도였으며 파티를 좋아하는 것으로 유명했다. 대학 시절 그는 (아마도 수학 공식에 대해) 다른 친구와 언쟁을 벌였고 그러다가 둘 사이에 결투가 벌어졌다. 그 결과 그의 이마에 흉터가 생기고 코끝이 잘렸다. 그래서 그는 평생 동안 놋쇠로 만든 가짜 코를 끼우고 다녔다.

실패한 실험 덕분에
물리학 혁명의 토대가 만들어졌다고?

인생이 그렇지만 물리학에서도 늘 만사가 잘 풀리지는 않는다. 하지만 때로는 성공이 아닌 실패 때문에 더 중요한 변화가 생길 수 있다. 앨버트 A. 마이컬슨과 에드워드 W. 몰리가 에테르의 존재를 확인하기 위해 실행했던 실험의 실패도 결국 물리학 혁명의 토대를 만드는 데 크게 기여했다.

빛을 전달하는 매질로써의 에테르

'에테르luminiferous ether'는 과학자들이 우주를 채우고 있다고 믿었던 물질의 이름이다. 소리가 공기를 매질로 하여 이동하듯이, 과학자들은 에테르가 빛을 전달하는 매질이라고 생각했다. 에테르는 우주를 설명하는 절대 기준을 제공하는 매우 중요한 존재로 여겨졌다. 마이컬슨과 몰리(오른쪽 사진)는 에테르를 측정하는 실험을 했다. 이를 위해 거대한 십자가를 만들어 한가운데 반도금 거울을 놓고 인접한 2개의 팔에는 거울을 설치했다. 단일광이 십자가의 한 팔을 지나 반도금 거울에 닿으면 거울에 의해 광선이 두 갈래로 나뉘고, 나뉜 광선은 각각 거울에 닿았다가 반사되어 도금 거울로 돌아온 후 탐지기가 설치된 마지막 팔

을 지나가게 했다. 그들은 에테르 효과로 인해 두 광선의 광로에 미세한 차이가 생겨 탐지기에 간섭무늬가 나타날 것으로 생각했다.

그들은 결국, 아무것도 발견하지 못했다

그러나 아무것도 나오지 않았다. 실험은 쓸모가 없었다. 장비를 조이고 변경하고 개조하고 계절을 달리하여 여러 번 반복해 실험을 했지만 역시 아무것도 발견할 수 없었다. 수년 후 다른 사람들이 에테르를 확인하고자 추가로 실험을 했지만 역시 아무것도 발견하지 못했다. 비록 그들은 낙담했지만 에테르가 존재한다는 증거가 없기 때문에 아인슈타인의 상대성이론이 빠르게 받아들여질 수 있었고 물리학의 새 시대가 열렸다.

미국 핵시설에 수시로 무단 침입한 물리학자가 있었다던데?

핵시설은 난공불락의 비밀 요새라고 생각할지 모른다. 제2차 세계대전이 한창이고 맨해튼 프로젝트가 비밀리에 진행 중일 때 맨해튼 프로젝트의 본거지였던 로스앨러모스 핵기지는 미국 본토에서 가장 경비가 삼엄한 곳 중 하나였다. 그럼에도 불구하고 리처드 파인먼은 주기적으로 사무실에 몰래 들어가 비밀문서를 훔치곤 했다.

봉고를 연주하는 느긋한 물리학자

파인먼은 최고의 물리학자이자 개성이 강한 사람이었다. MIT 재학 시절 그는 세미나에서 주제를 하나씩 풀어내는 뛰어난 능력으로 알베르트 아인슈타인 같은 사람을 매료시키면서도 봉고 드럼 연주를 사랑하는 느긋한 성격의 학생이었다. 미국이 제2차 세계대전에 참전하면서 그는 대부분의 물리학 전공 졸업생과 함께 미국의 핵무기 프로젝트인 맨해튼 프로젝트의 일원으로 선발되었고 실제 원자폭탄의 위력이 어느 정도인지 계산하는 일을 맡았다.

이곳에서 그는 닐스 보어와 돈독한 관계를 맺었는데, 왜냐하면 이 존경받는 물리학자의 아이디어에서 허점이 발견될 때마다 파인먼이 거침없이 지적했기 때문이다. 그러나 금세 외딴 시설에서 일하는 게 지루해진 파인먼은 재미 삼아 동료가 사무실에 없을 때 문서 캐비닛의 자물쇠를 따고 자신의 연구에 필요한 보고서를 가져가곤 했다. 곧 이 사실을 알게 된 보안 팀이 보다 강력한 자물쇠를 채웠지만 파인먼은 이것 역시 열어버렸다. 파인먼은 이렇게 말했다.

"내가 연 금고에는 원자폭탄과 관련된 모든 비밀이 들어 있었다. 다시 말해 플루토늄 생산 일정, 정제 절차, 필요한 원료의 양, 원자폭탄 작동법, 중성자 생성 방법, 설계도 등 로스앨러모스에서 알려진 모든 종류의 정보가 들어 있었다."

파인먼이 개발한 새로운 도표

파인먼의 연구는 대부분 아원자입자의 상호작용에 대한 것이었다. 이것은 많은 수학 개념과 복잡한 아이디어가 포함된 까다로운 분야였다. 그러나 문제가 서술되는 방식에 불만을 느낀 파인먼은 새로운 도표를 개발했다. 파인먼 도표Feynman Diagrams는 아원자 입자가 있는지 여부를 포함하여 접근하는 입자가 서로 어떻게 상호작용하며 흩어져 나가는 입자는 무엇인지 등 입자의 상호작용을 단순하게 표기했다.

파인먼의 물리학 강의

파인먼은 1952년 캘리포니아 공과대학(칼텍)에서 교수직을 맡았다. 상당히 인기 있는 강의자였던 그는 자신의 강의 자료를 정리해 달라는 요청을 받았다. 그래서 그는 1961년에서 1963년까지 강의했던, 지금까지도 가장 유명한 강의 시리즈인 '파인먼의 물리학 강의'를 주었다. 그의 트레이드마크인 카리스마와 친근한 스타일로 진행된 이 물리학 강의 녹음을 받아 적는 방식으로 책은 출간되었다. 이 책은 물리학계의 베스트셀러가 되었고 물리 입문자에게는 필독서가 되었다.

노벨상을 녹였다 다시 만든 과학자가 있다고?

노벨상은 과학자가 받을 수 있는 가장 영광스런 상이다. 노벨상은 수상자가 미지의 세계에 대한 위대한 연구를 개척했음을 증명한다. 일부 놀라운 사람들은 노벨상을 두 번 이상 수상하는 영예를 얻기도 했다. 또 매우 드물긴 하지만 닐스 보어의 경우처럼 노벨상을 두 번 만들어야 했던 경우도 있다.

피신 중인 과학자가 노벨상을 지키는 방법

닐스 보어는 1922년 노벨상을 수상했다. 그는 덴마크에 살았으며 1930년대에는 그를 포함한 많은 사람들이 독일 나치 정권의 박해를 피해 도망 온 난민을 도왔다. 그는 독일을 탈출한 많은 저명한 과학자들에게 재정 지원, 은신처, 임시 직업을 제공했고 다른 나라에 그들이 이주해 살 수 있는 거주지도 마련해 주었다. 그런데 1940년 독일이 덴마크를 점령한 후 자신이 체포될 것이라는 이야기를 들은 보어는 스웨덴으로 몸을 피했다. 그러나 피신하기 전에 그는 독일을 탈출해서 덴마크에 머물

던 과학자 중 하나이며 자신의 친구인 게오르크 드 헤베시에게 자신의 노벨상을 질산과 염산 혼합물에 넣어 녹여서 나치로부터 지켜달라고 부탁했다. (노벨상 수상자는 금으로 만든 메달을 받는다. 금은 어떤 산에도 녹지 않고 왕수에만 녹는다고 한다. 왕수는 염산과 질산을 3:1로 혼합하여 만든다.)

그리고 이 용액이 담긴 병은 전쟁이 끝날 때까지 코펜하겐 이론물리 연구소 선반에 놓여 있었으며 전쟁 후 용액 속 금속을 추출해 다시 주조하여 노벨상으로 만들었다고 한다.

노벨상을 수상한 원자모형

닐스 보어는 핵 주위 궤도를 전자가 돌고 있는 행성 모양의 원자모형으로 노벨상을 수상했으며 보어의 원자모형은 오늘날에도 사용되고 있다. 그는 또한 원자모형을 이용하여 원자에서 방출되는 빛의 종류를 설명했고 이렇게 방출되는 빛이 물질의 구성 원소를 검출해내는 화학적 지문 역할을 한다는 것을 보여주었다.

물리학자

위대한 물리학자에 대해 잘 알게 되었는가?
얼마나 잘 공부했는지 알아보기 위해 다음의 퀴즈를 풀어 보라.

Questions

1. 알베르트 아인슈타인은 1905년에 몇 개의 혁신적인 논문을 발표했는가?

2. 아이작 뉴턴의 반려견 이름은 무엇인가?

3. 최초의 물리학자 탈레스가 태어난 도시는 어디인가?

4. 갈릴레오가 가톨릭교회의 분노를 사게 된 태양중심설에 대한 두 번째 저서는 무엇
   인가?

5. 마리 퀴리가 가지고 다니던 위험한 방사능 원소는 무엇인가?

6. 조슬린 벨 버넬의 연구는 무엇에 대한 것이었나?

7. 튀코 브라헤의 가짜 코는 무엇으로 만들어졌나?

8. 앨버트 마이컬슨과 에드워드 몰리가 찾아내는 데 실패한 물질은 무엇인가?

9. 닐스 보어는 누구를 피해 피신했나?

10. 리처드 파인먼이 유명한 강의를 했던 대학교는 어디인가?

Answers

정답은 208페이지에서 확인하세요.

왜 자동차는 쌩하는 소리를 내며
달리는 걸까?

왜 우리는 빛보다
빨리 움직일 수 없을까?

우주에는 제한속도가 있다. 어떤 것도 빛의 속도(흔히 'c'라고 표시한다)인 초속 299,792,458미터보다 빨리 갈 수 없다. 아무리 많은 로켓을 몸에 묶어 날아가더라도 당신은 그 이상의 속도를 낼 수 없다.

속도는 결국 관성에 달렸다

이것은 아이작 뉴턴의 관성의 법칙에서 비롯되었다. 관성의 법칙이란 물체의 속도를 높이려면 에너지를 이용해야 한다는 것이다. 이것은 직관적으로 알 수 있다. 만약 당신이 탁자를 가로질러 나무토막을 민다면 당신은 나무토막을 움직이기 위해 에너지를 사용한다. 만약 당신이 더 무거운 물체를 똑같이 민다면 물체를 움직이기가 더 어렵기 때문에 더 많은

에너지를 써야 하며 결국 물체가 너무 무거워지면 밀 수 없다. 우리가 만들 수 있는 에너지의 양에는 한계가 있다.

속도에 따른 무게의 증가

왜 물체가 빠를수록 무거워지는가에 대한 완전한 답변은 복잡하고 어려운 수학을 동반하지만 다음의 방정식으로 간단하게 설명할 수 있다.

$$m = m_0 \times \frac{1}{\sqrt{1 - \frac{v^2}{c^2}}}$$

이 방정식은 물체의 무게(m)가 그것의 정상 질량(m_0), 속도(v), 그리고 빛의 속도(c)를 기초로 정해진다고 말한다. 우리가 매일 경험하는 정상 속도에서 v는 c에 비해 너무 작기 때문에 m과 m_0은 근본적으로 같다. 우리의 속도가 빛의 속도의 약 25퍼센트(여전히 1초에 299,792,458미터라는 엄청난 속도)에 도달해야 조금이나마 그 효과가 눈에 띈다. 이때부터 속도가 증가할수록 v^2이 c^2에 가까워져 v^2/c^2이 1에 가까워진다.

v=c가 되는 지점에 도달할 때까지 m_0에 곱하는 숫자는 점점 더 증가하여 결국 m_0에 무한대를 곱하게 되는데 이는 m, 즉 당신의 질량이 무한하다는 것이다.

따라서 만약 당신이 빛의 속도 이상으로 물체를 가속하고 싶다면, 무한히 무거운 물체의 속도를 높이기 위해 무한한 양의 에너지가 필요하다. 이것은 불가능하므로 우리는 빛의 속도보다 더 빨리 갈 수 없다.

공상 과학 효과

엄청 빠른 속도로 움직이는 것은 굉장히 어려운 일이다. 그러면 당신은 더 무거워질 뿐 아니라 만약 당신이 아주 빠르게 움직인다면 당신은 더 짧아질 것이고 주위의 우주에 비해 당신의 시간은 느려질 것이다. 이것은 당신이 공상과학소설에서만 일어난다고 생각한 이상한 결과로 이어진다. 하지만 그중 일부는 실제 발생 가능한 일이므로 GPS 위성과 우주 물체 탐사에서 고려해야 할 필요가 있다.

뮤온(우주를 구성하는 기본 입자 중 하나)은 우주 방사선에 의해 우리 대기에 들어오는 수명이 짧은 입자다. 그것은 빛의 속도에 가깝게 움직이지만 빠른 속도에도 불구하고 아주 빠르게 붕괴하므로 사실 절대 지상에 도달할 수 없다. 이런 뮤온이 지상에 설치된 탐지기에 도달할 수 있는 유일한 이유는 뮤온이 너무 빠르게 이동해서 뮤온의 붕괴 시간보다 주변의 시간이 느리게 흐르기 때문이다.

고양이는 죽었으면서 동시에 살아 있을 수도 있다고?

당신은 슈뢰딩거의 고양이에 대해 들어본 적 있을 것이다. 이것은 오래된 과학 농담이고 그 것의 사용(또는 오용)은 흔한 일이다. 그러나 그 의미에 대한 설명은 충분하지 않다. 고양이가 어떻게 죽었는데 살아 있을 수 있을까? 그게 왜 중요한가? 이에 대한 설명은 까다롭고 양자적이다. 이것은 우리 우주가 실제로 얼마나 이상한가에 관한 이야기다.

악명 높은 고양이 실험
만약 당신이 이전에 이 이야기를 들어본 적이

없다면, 슈뢰딩거의 고양이는 에르빈 슈뢰딩 거가 1935년 논문에 처음 사용한 사고실험이 며 내용은 다음과 같다고 설명할 수 있다.

고양이가 장치(고양이에 의한 방해로부터 보호되어야 함)와 함께 강철 상자 안에 갇혀 있다. 가이거 계수기에는 아주 적은 양의 방사성 물질이 있 어서 어쩌면 한 시간 내에 원자 중 하나가 붕 괴할 확률이 있다. 하지만 이와 동시에 아무 일도 안 일어날 확률도 같다. 만약 핵이 붕괴 한다면 계수기의 관이 열리면서 연쇄 작용으 로 망치가 떨어지고 청산가리가 들어 있는 플 라스크가 깨진다. 만약 상자를 그대로 둔 채 로 한 시간 동안 자리를 비웠다 돌아온 사람 은 그동안 원자가 붕괴되지 않았다면 고양이 는 살아 있을 거라고 말할 것이다. 그러나 전 체 시스템(강철 상자)에 대한 감마함수는 이 상 황을 고양이가 살아 있는 상태와 죽어 있는 상태가 반반씩 결합하거나 섞여 있는 것으로 설명할 것이다.

이것은 당신이 완전히 알 수 없는, 죽을 확률 이 50대 50인 장치 안에 고양이를 넣었다는 말이다. 이 시스템에 대한 양자 방정식은 당신이 상자 안을 열어보기 전까지는 고양이가 죽었는데 살아 있는 상태(또는 두 상태가 혼합된 상태)일 것이라고 예측한다. 하지만 고양이는 둘 중 하나의 상태일 수밖에 없다.

살아 있는데 동시에 죽어 있다니?

슈뢰딩거는 이 발상의 모순에 주목했다. 사실 그가 처음에 이런 상황을 가정한 이유도 이것이 양자역학에 대한 현대적 이해를 극단적으로 보여주는 예이기 때문이었다. 이 모든 것은 관찰에 대한 양자적 관념에서 비롯된다. 양자역학에서 무언가를 관찰하는 행위는 어떤 방식으로든 관찰 대상을 변화시킨다. 구체적으로 이것은 파형의 붕괴를 일으킨다. 모든 단순한 시스템(계)은 감마함수라고 알려진 수학 방정식으로 기술할 수 있다. 방정식이 그러하듯 당신이 입력하는 숫자에 따라서 답은 여러 개가 나올 수 있다. 양자역학에서는 당신이 그 시스템을 관찰하기 전까지는 그 어떤 숫자도 입력되지 않는다. 그러므로 관찰하기 전까지는 정답이 없으며 가능한 모든 답의 혼합만 존재할 뿐이다.

여전히 말도 안 되는 이상한 개념

만약 여전히 이 문제가 이해가 안 된다 해도 걱정할 필요 없다. 양자역학은 쉽지 않고 종종 논리적이지 못하다. 심지어 가장 훌륭한 과학자들도 여전히 어려움을 느낀다. 그래서 슈뢰딩거의 고양이가 생겨나게 된 것이다. 슈뢰딩거의 고양이는 수년에 걸쳐 연구해야 완전히 이해할 수 있는 매우 복잡한 수학적 개념을 매우 단순한 예를 들어 무너뜨렸다. 이것은 여전히 말도 안 되는 이상한 개념일 수 있지만 그게 양자역학이다.

E=mc²이 세상에서 가장 유명한 방정식이 된 이유는?

세상에서 가장 유명한 방정식이 있다면 바로 E=mc²일 것이다. 원래 1905년 알베르트 아인슈타인에 의해 조금 다른 형태로 쓰였지만 현재 이 방정식은 가장 잘 알려진 과학 업적의 상징이다. 이 방정식은 질량과 에너지 등가성을 입증했다는 점에서 중요하다.

물질과 에너지의 이상한 자리바꿈

모든 것은 원자로 구성되어 있지만, 만약 좀 더 근본적인 관점에서 바라본다면 우주의 모든 것은 물질과 에너지라는 두 종류로 나눌 수 있다. 모든 분자, 원자, 아원자, 입자는 물질이다. 물질은 물리적이고 실체적이며 어떤 방식이든 잡을 수 있는 무엇이고 또한 모든 물질은 질량을 갖는다. 빛, 중력, 원자력과 같은 전자파는 모두 에너지다. 우주 안의 모든 것은 물질이거나 에너지다. 그런데 방정식 E=mc²은 에너지와 물질이 실은 형태만 다를 뿐 같은 것이며 에너지를 물질로, 물질을 에너지로 바꿀 수 있다는 것을 보여준다. 이것은 우주의 모든 것이 한 물질의 다른 형태라는 엄청나게 중요한 의미를 갖고 있다. 그렇다면 다음과 같은 이상한 일이 가능하다. 2개의 동일한 태엽시계 중에 하나만 태엽을 감아 작동시키면 하나가 나머지 하나보다 더 많은 질량을 가지게 된다. 용수철에 저장된 에너지, 움직이는 시곗바늘의 에너지, 심지어 시계 내에서 발생한 열에너지가 전체 시스템에 아주 약간씩 질량을 더하기 때문이다.

아인슈타인의 방정식이 의미하는 것

아인슈타인의 유명한 방정식에서 E는 에너지를, m은 질량을, 그리고 c²은 빛의 속도의 제곱을 의미한다. 이 방정식은 질량(1킬로그램이라고 하자)을 에너지로 바꾸는 것이 가능하다고 말한다. 바뀐 에너지의 양은 질량에 c² 값을 곱한 것과 같다. c의 값은 진공상태에서의 빛의 속도로 대략 초속 299,792,458 미터라고 알려져 있다. 그러면 c²은 대략 300,000,000,000,000로 나온다. 이것은 1킬로그램의 질량이 100조 줄의 에너지로 전환될 수 있다는 것을 의미한다!

생활 속에 방정식을 적용할 수 있을까?

일상에서는 $E=mc^2$의 효과를 볼 수 없다. 왜냐하면 빛의 속도인 c^2이 너무 커서 결과 값이 매우 작기 때문이다. 그러나 질량 에너지 등가성은 많은 흥미로운 결과를 낳았다. 그중 한 가지는 어떤 속도도 빛의 속도보다 빠를 수 없다는 것이다. 질량과 에너지의 관계를 이해하는 것은 과학자들이 핵융합과 핵무기를 발명하는 것을 가능하게 했다. 개별 원자 하나의 무게는 부분의 합보다 작다. 왜냐하면 원자의 각 부분을 한데 모아 놓기 위해 질량의 일부분을 에너지로 변환하기 때문이다. 이런 결합이 깨질 때 핵반응으로 에너지가 방출된다. 이 사라진 질량으로 원자와 소립자가 나타내는 다양한 행동을 설명할 수 있다.

> "질량과 에너지의 관계를 이해하는 것은 과학자들이 핵융합을 발명하게 했다."

왜 자동차는 쌩하는 소리를 내며 달리는 걸까?

자동차가 지나가면서 내는 소리는 확실하다. 사이렌을 울리는 구급차나 경주용 자동차는 더 분명히 들린다. 사실 자동차만이 아니라 기차, 비행기, 그리고 기본적으로 빠르게 지나가는 모든 물체는 쌩하는 소리를 낸다. 이 소리는 어디서 나오는 것일까? 이 소리는 도플러 효과의 결과다.

'도플러 편이'란?

먼저 모든 방향으로 소리의 파동을 발산하는 정지된 물체를 생각해보자. 그 소리가 일정하다고 가정하면 웅웅거리는 소리가 날 것이다. 이제 물체가 움직이면 파동에 이상한 일이 일어난다. 물체는 움직이면서 계속 음파를 발산하지만 음파가 만들어지는 지점 역시 (물체와 함께) 움직인다. 그러면 파동 사이의 간격이 한 쪽(물체가 움직이고 있는 방향)은 짧아지고 다른 쪽은 넓어진다. 파동의 간격이 넓어지고 짧아진

다는 것은 주파수가 변한다는 것을 의미한다. 물체가 당신을 향해 다가오면 물체와 함께 가까워지는 음파는 주파수가 높아져 음이 높아지고, 물체가 멀어지면 소리 파동 사이의 거리가 길어져 주파수가 낮아지므로 음이 낮아진다. 지나가는 자동차에서 들리는 쌩하는 소리는 차가 가까워졌다 멀어지면서 발생하는 소리의 높낮이 변화에서 나온다.

빛의 파동에 나타나는 도플러 편이

도플러 편이는 소리의 파동뿐 아니라 빛의 파동에서도 발생한다. 빛의 편이가 분명하게 보이려면 물체가 매우 빠른 속도로 움직여야 한다. 왜냐하면 소리의 속도보다 빛의 속도가 훨씬 빠르기 때문이다. (비록 분명히 보이지 않아도) 여전히 빛의 편이는 일어난다. 당신을 향해 다가오는 물체는 파장이 짧아져 약간 파랗게 보이고, 멀어지는 물체는 파장이 길어져 약간 붉

빅뱅 이론을 설명하는 팽창적 발상

우주의 거의 모든 것이 적색편이를 일으킨다는 사실로부터 에드윈 허블은 우주가 팽창하고 있다는 생각을 하게 되었다. 그는 더 멀리 떨어져 있는 천체일수록 적색편이가 심하다는 것도 알아냈다. 도플러의 빛의 편이에서 비롯된 이러한 관측은 계속되어서 결국 빅뱅 이론의 토대가 되었다.

은색을 띠게 된다. 빛의 적색편이와 청색편이는 천문학자가 먼 우주에 있는 물체의 속도와 방향을 판단하는 가장 좋은 방법이다. 예를 들어 우리는 안드로메다은하가 시속 40만 킬로미터의 속도로 우리를 향해 다가오고 있다는 것을 안다. 왜냐하면 과학자들이 예상보다 빛이 얼마나 더 푸른지 분석할 수 있었기 때문이다.

1킬로그램의 무게는 얼마일까?

이것은 얼핏 들으면 실없는 질문처럼 들릴 것이다. 1킬로그램의 무게는 1킬로그램이다. 어떤 사람은 2.2파운드라고 말할지 모른다. 하지만 이것은 맨 처음에 사람들이 1킬로그램의 무게를 어떻게 정했느냐는 나의 질문에 대한 답이 아니다. 간단히 말해 1킬로그램의 무게는 1킬로그램이지만, 1킬로그램이 얼마나 무거운가에 대한 기준은 달라져 왔다.

킬로그램 개념의 탄생

킬로그램을 살펴보기 전에 표준화 개념에 대해 생각해볼 필요가 있다. 만약 당신이 아주 큰 케이크를 만들기 위해 1킬로그램의 밀가루가 필요하다면 미리 측정된 1킬로그램 포대를 사용하거나 저울을 사용하여 무게를 잴 것이다. 하지만 당신이 사용한 저울도 1킬로그램을 이용해 눈금을 매겼을 것이다. 또 저울 눈금을 매기는 데 사용된 킬로그램도 또 다른 기준을 바탕으로 정해졌을 것이다. 결국 모든 것은 최초의 킬로그램으로 귀결된다.

"똑같은 1킬로그램이라도
100년 전보다
오늘날의 1킬로그램이
더 무겁다."

국제킬로그램원기보다 더 무거워진

1889년, 백금 이리듐 금속으로 만들어진 원통 모양 '국제킬로그램원기(IPK)'의 무게를 1킬로그램으로 정의했다. 그리고 이것의 복제품을 만들어 계측의 기준이 되는 표준 킬로그램으로 사용하도록 전 세계에 보냈다. 하지만 문제가 생겼다. 단단한 물질로 만들어 매우 안정된 상태를 유지했는데도 100여 년이 지나면서 킬로그램이 점차 무거워졌다. 분명히 국제킬로그램원기는 1킬로그램이지만 복제품이 더 무거워졌다. 그래서 여전히 1킬로그램이긴 하지만 100년 전보다 오늘날의 1킬로그램은 약간 더 무겁다.

킬로그램을 재는 2가지 방식

계측 기준의 무게가 바뀔 수 있다는 것은 바람직한 상황이 아니다. 하지만 이것은 모든 물체가 갖는 결함이기도 하다. 그래서 2018년 11월, 과학자들은 1킬로그램의 무게를 금속 막대가 아니라 우주의 근본적인 부분을 기준으로 정하기로 했다. 정확한 정의는 복잡한 이론적 방정식에 기초하지만 1킬로그램의 물리적 형태는 2가지 방식 중에 선택할 수 있다.

우선 원자의 수를 기준으로 해서 정확한 수의 원자를 포함하는 정해진 크기의 규소 구나 탄소 구를 기준으로 무게를 재는 방법이다. 또 하나는 전류의 양을 기준으로 무게를 재는 방법인데 1킬로그램을 들어 올리는 데 필요한 전류의 양으로 무게를 측정하는 것이다.

우주의 근본 원칙을 이용한 측정 단위

우주의 근본 원칙을 이용하여 정의된 최초의 측정 단위는 킬로그램이 아니다. 이미 다른 것이 비슷한 방식으로 정의되었다.

1미터 : 1/299,792,458초 동안 빛이 이동한 경로의 길이
1초 : 세슘 원자가 9,192,631,770번 진동하는 시간
1켈빈 : 물의 삼중점의 1/273.16
1암페어 : 진공상태에서 1미터 간격으로 평행하게 놓인 두 직선 도체에 흘러서 2×10^{-7}뉴턴의 힘을 미치는 전류

100퍼센트보다 정확한 5시그마는 무엇인가?

과학의 핵심 철학 중 하나는 절대적으로 확실한 것은 아무것도 없다는 것이다. 다시 말하면 내가 놓치고 있는 것이나 내 생각을 반박할 새로운 개념이나 아니면 단지 우연한 확률 때문에 내가 기대했던 대로 일이 풀리지 않을 수 있다는 의미다. 그러니까 100퍼센트의 확신이 없다면, 새로운 기준이 필요하다. 그게 바로 5시그마다.

정확도를 나타내는 5시그마의 개념

현대 과학의 대부분은 엄청난 양의 데이터를 수집해서 흥미로운 것을 발견할 수 있을지 분석하는 일이다. 문제는 온도의 변화, 압력의 작은 변화, 전기의 방해, 심지어 장치의 가동 시간까지 데이터를 방해할 수 있는 요소가 무수히 많다는 것이다.

5시그마는 주어진 현상에 대한 99.99994퍼센트의 정확도를 나타낸다. 이것은 어떤 현상이 무작위 통계로 인해 관측될 가능성이 1,666,666 중 하나라는 뜻이다. 과학자들은 3시그마를(99.73%의 확률) 이용했었지만, 이후 몇몇 현상에서 데이터의 잡음이 발견되어 지금은 더 엄격한 기준인 5시그마를 사용하고 있다.

우연의 가능성이 매우 적다

'5시그마'는 어떤 것이 '정상' 기준보다 5표준편차 바깥에 있다는 의미다. 이것은 통계적 모형에서 비롯되었다. 대부분의 실험 결과는 평균값을 중심으로 무작위로 분포된다. 표준편차는 이런 무작위한 결과의 분포를 나타낸다. 정규분포에서 무작위한 결과의 68.2퍼센트는 1시그마 이내에, 95.4퍼센트는 2시그마 이내에 포함된다. 5시그마에 도달하면 그 결과가 우연히 발생했을 가능성이 매우 적다는 것을 의미한다.

$$y^{(n)} = (-1)^n \frac{n! \cdot a}{x^{n+1}} \qquad y = \frac{k}{x}$$

$$(ax^{-1})' = -ax^{-2} = -\frac{1 \cdot a}{x^2} \qquad (k>0) \qquad y =$$

$$\sqrt[n]{xy}$$

$$y'' = \frac{((1+x)^2)'}{(1+x)^4} = \frac{2(1+x)}{(1+x)^4} = \frac{1}{(1+x}$$

정말 우주에는
4차원, 5차원이 있을까?

4차원은 공상 과학에서 중요한 역할을 하고 있고 과학자들은 종종 우리에게 익숙하지 않은 새로운 차원에 대해 말한다. 그러니까 몇 개의 차원이 있다는 걸까? 솔직히 몇 개의 차원이 존재하는지는 누구도 확실히 알 수 없다.

차원이란 무엇인가?

얼마나 많은 차원이 있는지 알아보기 전에 우선 차원이란 정확히 무엇인지 살펴보자. 차원은 '좌표를 필요로 하는 어떤 것'으로 생각하는 게 가장 좋다. 먼저 우리가 살고 있는 공간 차원에서 시작하자. 위/아래, 왼쪽/오른쪽, 앞/뒤가 있기 때문에 여기엔 적어도 3차원이 있다는 것을 알 수 있다. 만약 당신이 누군가와 만나고 싶다면 3차원에서 당신의 위치를 알려야 한다. 당신은 또 약속 장소에서 언제 만날 건지도 알려야 한다. 이것은 당신이 제공해야 할 또 다른 차원이 있다는 것을 의미한다. 그러므로 우주에는 3개의 공간 차원과 하나의 시간 차원, 즉 4개의 차원이 있다.

세상에! 10차원, 26차원이라니!

수학적으로는 무한개의 차원이 있을 수 있지만, 현재 제시된 바에 따르면 우주에는 4가지 공간 차원이 있는데 우리는 이 중 3개만 경험한다. 그렇다면 우리 우주는 더 넓은 5차원적 존재 안에 있는 4차원의 일부일 수도 있다. 많은 이론물리학 이론, 특히 끈 이론은 적어도 10개의 공간 차원이 있을 것이라 예측하며, 보손 끈 이론의 경우는 무려 26개의 공간 차원이 존재한다고 주장한다!

41

자석의 마법 같은 힘은
어떻게 작용하는가?

한 쌍의 자석을 가지고 놀면 둘 사이에 존재하는 마법 같은, 보이지 않는 힘에 놀라고 신비함을 느낄 수 있다. 자석의 작용은 생성되는 자기장의 상호작용으로 이루어진다.

영구자석과 전자석의 차이점

자석에는 두 종류가 있는데 서로 다른 방식으로 자기장을 만들어낸다. 전자는 전하를 띤 입자다. 전자가 원자 속을 돌아다니면 자기장이 만들어진다. 이것은 모든 것이 자기장을 생성한다는 것을 의미한다. 하지만 대부분의 물체 안에서 각각의 원자가 만드는 자기장 방향은 무작위로 배치되기 때문에 사실상 서로 상쇄된다. 하지만 영구자석에서는 모든 작은 자기장이 같은 방향을 향하여 하나의 큰 자기장을 형성한다.

또 다른 종류의 자석은 전자석이다. 전선을 통해 전기가 흐르면 전자가 움직여서 자기장이 만들어진다. 전선을 많이 감으면 자기장의 강도를 높일 수 있다. 가장 중요한 차이점은 전자석은 마음대로 껐다 켤 수 있다는 것이다.

자기장이라는 추상적 개념

장field은 물리학의 별난 점이다. 장은 어쩌면 실재하지 않으며 추상적인 개념을 시각화하는 아주 좋은 방법에 불과할지도 모른다. 장은 역선field line으로 구성된다. 이것은 어떤 방향으로 밀거나 당기는, 마치 강물과 같은 힘의 흐름이다. 자석은 이런 역선을 방출하는데

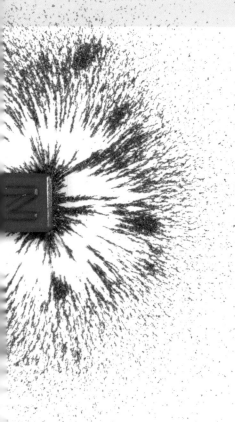

역선이 일렬로 정렬되어 안쪽으로 당기는 자력이 작용한다. 자기장의 또 다른 흥미로운 특성은 자기력선이 절대 교차하지 않는다는 점이다. 그렇게 하려고 하면 엄청난 반발력이 생겨서 역선의 강한 효과가 더욱 강해진다.

자기단극은 만들 수 없을까?

모든 자석은 N극과 S극을 가지고 있다. 자석을 두 조각으로 자른다면 다시 2개의 자석이 만들어진다. 왜 N극만 갖거나 S극만 가진 자석은 없을까? 왜 자기단극Magnetic Monopoles을 만들 수 없을까? 이를 확실히 아는 사람은 아무도 없다. 사실 물리적으로 자기단극이 존재할 수 없다고 할 이유는 없다. 그리고 현대 이론 중 자기단극의 가능성을 열어두고 있는 이론이 있다. 그러나 수많은 시도와 일부 성과에도 아직까지는 자기단극이 발견되거나 만들어지지 않았다.

역선의 힘은 자석으로부터 멀어질수록 약해진다. 자기장은 항상 양전하(N극)에서 음전하(S극)로 흐른다. 우리가 경험하는 자력은 그 결과다. 2개의 자석을 같은 극이 서로 마주보게 놓아보자. 역선으로부터 나온 힘은 두 자석 바깥쪽으로 흘러 서로를 밀어낼 것이다. 이번에는 양극과 음극이 마주보게 놓아보자. 그러면

에펠탑 꼭대기에서는 진짜로 시간이 더 빨리 흐를까?

'상대성'은 복잡한 주제다. 이를 알아내기 위해 알베르트 아인슈타인 같은 천재가 필요했으니까 말이다. 상대성의 발견은 물리학을 비롯해 우리가 알던 모든 것을 뒤엎는 혁명과 같았다. 상대성 원리가 남긴 가장 큰 변화는 시간은 불변이라는 인식의 변화다. 그럼 상대성 원리의 의미는 에펠탑 꼭대기에서는 정말로 시간이 다르게 흐른다는 뜻일까?

상대성이란 무엇인가?

당신이 차에 타고 있는데 내가 당신의 이동

속도가 얼마냐고 묻는다면 당신은 거기에 대답하기 쉬울 것이라고 생각하겠지만 실제로는 그렇지 않다. 속도계가 시속 60킬로미터를 가리키고 있다 해도 그것은 단지 지면과 비교한 당신의 상대적인 이동속도일 뿐이다. 만약 당신의 차 옆에서 시속 50킬로미터로 달리는 차가 있다면 그 차와 비교할 때 당신은 고작 시속 10킬로미터로 가고 있는 것이다. 또 만약 시속 150킬로미터로 달리는 기차와 비교한다면 당신의 실제 속도는 시속 -90킬로미터다.

상대성 개념에 따르면 모두 정답이다. 모두 상대적이기 때문이다. 그리고 지구와 비교한 속도가 '정답'이라고 생각할 수도 있지만 지구 역시 태양 주위를 시속 10만 킬로미터로 돌고 있다는 점을 잊지 말자. 정말로 지구를 기준으로 하는 게 태양을 기준으로 하는 것보다 더 '정확'한가?

시간은 이것과 어떤 관계가 있을까?

상대성의 또 다른 측면은 빛의 속도가 언제나 일정하다는 것이다. 당신이 보고 있는 물체의 상대적인 움직임과 상관없이 말이다. 이것을 이해하려면 양쪽에 설치된 거울 사이를 왔다 갔다 하며 지나가는 빛의 광선과 함께 달리고 있는 기차를 생각해보자. 당신이 기차에 타고 있다면 당신은 빛의 속도(c)로 움직이고 있는 빛을 볼 것이며 여기에는 일정 시간이 소요될 것이다. 그러나 만약 당신이 철길 옆에 서서 기차가 지나가는 것을 보고 있어도 역시 c의 속도로 움직이는 빛을 관찰할 것이다.

이제 당신이 철길 옆에 서 있다면 당신이 보는 빛은 위아래로 움직일 뿐만 아니라 기차와 함께 가면서 옆으로도 움직일 것이다. 이때 당신이 보는 빛은 더 먼 거리를 이동하지만 빛의 속도는 일정해야 하므로 가능한 결론은 하나밖에 없다. 당신은 기차 위에서 시간이 더 늦게 가는 것을 관찰한 것이다.

중력과 상대성

이 퍼즐의 마지막 조각은 시공간이 시간과 공간을 아우르고 있으므로 속도가 중력에 영향을 미친다는 것이다. 다시 말해 중력장 또한 공간에 영향을 미쳐 시간이 늦게 가도록 만든다.

지구상에 살고 있는 우리는 일정한 중력의 영향을 받는데 이 중력은 지구 밖의 존재와 비교할 때 우리의 시간이 더 느리게 가도록 만든다. 당신이 더 높이 올라갈수록 중력의 힘은 약해지므로 시간은 빨라진다. 말하자면 에펠탑과 같은 높은 곳의 꼭대기에서는 시간이 더 빨리 간다는 뜻이다. 이런 효과는 사실 너무 미미해서 보통은 느낄 수 없다. 그러나 GPS 위성 같은 물체는 느려지는 시간을 고려하지 않으면 무용지물이 될지 모른다.

토스트를 굽기 전 상태로
되돌릴 수는 없을까?

이것은 아마도 가장 중요하고 근본적인 질문 중 하나일 것이다. 그 답을 찾는 과정에서 우리는 우주 자체의 근원적 본성을 탐구한다. 우주가 어디에서 왔으며, 어디로 가고 있는지, 그리고 정확히 어떻게 흘러가게 되는지 말이다. 이 질문이 진짜로 토스트에 대한 것은 아니지만 우리가 토스트를 굽기 전 상태로 되돌릴 수 없는 이유는 엔트로피 때문이다.

한 번 토스트는 영원한 토스트

빵을 구워 토스트를 만들 때 여러 가지 일이 발생한다. 아미노산과 설탕이 함께 반응하며 일련의 작용이 일어나서 서로 섞이며 갈색으로 변한다. 빵 속의 설탕은 캐러멜화되어 녹으면서 퍼진다. 이 모든 일은 토스트 내의 엔트로피를 증가시킨다. 그리고 엔트로피는 한 방

향으로만 갈 수 있으므로 되돌릴 수 없다.

시간의 화살은 쏘아졌다

엔트로피는 '계(시스템)의 단위 온도당 쓸모없는 열에너지의 척도'라고 정의한다. 그러나 비전문가에게 이 정의는 실제로 엔트로피가 무엇인지 이해하는 데 딱히 도움이 되지 않는다. 엔트로피는 종종 '무질서도'라고 불리며 한 가지 중요한 특성을 가지고 있다. 엔트로피는 언제나 증가한다. 냄비 속 끓는 물에 얼음 덩어리가 빠졌다고 생각해보자. 처음에는 얼음의 한쪽은 차갑고 다른 한쪽은 뜨거울 것이며 얼음 원자는 비교적 질서 있는 상태일 것이다. 그러나 시간이 지나면 전체 온도가 똑같아지고 처음에 얼음에 있던 원자는 녹으면서 냄비 안의 물과 섞인다. 시간이 지나면서 (냄비

속) 시스템 안의 무질서가 증가한다.

엔트로피는 가끔 '시간의 화살'이라고 불린다. 왜냐하면 늘 한 방향으로만 움직이면서 항상 점점 커지기 때문이다. 우주가 시작됐을 때 모든 것은 거의 완벽한 질서를 유지하고 있었다. 그 이후 점점 무질서해지면서 무질서의 양은 계속 증가했고 우주에서 발생하는 모든 프로세스는 엔트로피의 양을 계속 증가시킬 뿐이다.

질서 vs 복잡성

만약 엔트로피가 증가하기만 하고 만물의 질서가 계속 줄어들어 혼란 상태가 가중된다면 어떻게 별, 행성, 심지어 인간과 같이 질서를 가진 물체가 형성될 수 있었을까? 전반적인 엔트로피가 늘 증가한다고 해서 일부 지역

에서 엔트로피가 감소할 수 없는 것은 아니다. 이것은 냉동실에서 얼음을 만들 때 물의 엔트로피는 감소하지만 냉동실 밖의 엔트로피는 이에 비례해서 증가하는 것과 같은 이치다. 그러나 복잡성은 질서와 매우 다르다. 앞의 예에서 얼음과 물이 섞이면 점차 복잡해져서 결국 다시 모든 게 물이 될 때까지는 어디까지를 하나의 시스템(계)으로 정의해야 할지도 점점 어려워진다. 그러므로 복잡성은 전체적인 엔트로피 증가의 일환으로 발생한다. 어떤 의미에서 우리의 존재는 엔트로피의 결과일지 모른다.

"엔트로피는 한 방향으로만
갈 수 있으므로 되돌릴 수 없다."

왜 뜨거운 도로 위의 아지랑이는
위로 올라갈까?

우리는 열이 이쪽에서 저쪽으로 흘러간다거나 열이 오른다고 말하면서도 열이란 정말 무엇인지, 더 나아가 어떻게 해서 그렇게 움직이는지 생각하지 않는 경우가 많다. 열의 움직임은 운동에너지의 이동transfer으로 설명할 수 있다.

공기의 이동속도가 공기의 온도?

우리는 종종 열이 마치 액체의 일종인 것처럼 말하지만 온도 자체는 실체가 있는 물질이 아니라 물질의 한 성질이다. 공기를 예로 든다면 공기는 수조 개의 기체 분자로 채워져 있다. 각 분자는 이리저리 움직이고 있는데 그 이동속도가 곧 그 공기의 온도다. 에너지가 클수록 분자가 더 빨리 움직이며 온도가 높아진다. 그런데 이것과 바람을 혼동해선 안 된다. 바람은 훨씬 큰 규모로 발생한다. 온도라는 관점에서 이동을 말할 때는 분자가 움직이는 수준의 매우 짧은 거리의 이동을 의미한다. 에너지가 많아지면 액체와 고체에서도 분자의 움직임이 증가한다. 기체의 경우 분자가 자유롭게 움직였다면 액체와 고체의 경우는 분자의 진동이나 상호작용이 활발해진다.

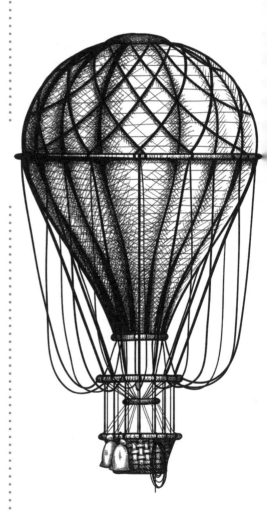

열은 어떻게 이동하는가

분자가 에너지를 얻으면 더 빨리 더 먼 거리를 움직인다. 그래서 그만큼 다른 분자와 충돌하고 상호작용할 확률이 커진다. 그 과정에서 분자는 자신이 가진 에너지의 일부를 다른 분자에 전달하고 그것이 또 다른 분자에 전달된다. 이러한 상호작용이 반복해서 발생하면서 활발하게 움직이는 분자는 점점 서로에게서 멀어져 널리 퍼지게 된다. 그래서 열은 늘 뜨거운 곳에서 찬 곳으로 움직이며 에너지를 에너지원에서 먼 곳으로 이동시킨다.

아지랑이가 말해주는 것

따뜻한 분자는 차가운 분자보다 더 많이 움직이기 때문에 더 멀리 퍼지게 된다. 이것은 다시 말해 따뜻한 분자가 차가운 분자보다 밀도가 작다는 의미다. 따뜻한 분자는 위쪽으로 둥실 뜨는 반면 차갑고 밀도가 높은 분자는 아래로 가라앉는다. 그 결과 나타나는 것이 아지랑이다. 아지랑이는 뜨거운 도로나 라디에이터 위에서 볼 수 있는데, 표면이 달구어지면서 그 주위의 공기 분자가 에너지를 얻어 뜨거워지고 밀도가 낮아진 공기는 위로 상승한다. 희박해진 공기는 주변 공기보다 물 분자를 덜 갖고 있어 이를 통과하는 빛이 휘어지게 되므로 (빛의 왜곡 현상) 뜨거운 공기에서 아지랑이가 선명하게 나타나는 것이다.

에너지가 평형을 이룰 때

따뜻한 분자는 차가운 분자와 부딪칠 때 에너지의 일부를 차가운 분자에게 준다. 또한 더 뜨거운 분자와 부딪치면 반대로 에너지를 받는다. 결국엔 계(시스템) 안의 모든 분자가 정확히 똑같은 에너지를 갖는 상태가 되는데 이를 평형이라고 부른다. 그래서 뜨거운 음료를 그냥 두면 식어서 상온이 되고 아이스크림이 열을 받아 녹으면 상온이 된다. 평형에 도달하는 것이다.

최고의 밀크티를 만들려면
차부터 우릴까 우유부터 부을까?

완벽한 한 잔의 차를 만드는 방법은 많은 논쟁의 주제다. 물론 이런 질문에 대한 최고의 해답은 과학에서 찾을 수 있다. 우리가 마실 차는 티백으로 만들며 우유를 타되 설탕을 넣지 않는다고 가정해보자.

모든 것은 열에 달려 있다

블라인드 테스트를 통해서 차가 뜨거울수록 맛이 좋다는 결론이 내려졌다. 따라서 진짜 질문은 차를 우려내기 전에 우유를 넣는 것과 나중에 우유를 넣는 것이 차의 온도에 어떤 영향을 미치는가에 있다.

차를 처음 만들 때 물의 온도는 섭씨 100도 정도다. 그 후 티백을 우려내는 동안 차는 식기 시작한다. 우유를 타면 차가운 우유가 섞이면서 냉각은 더 빨라진다. 이런 냉각 효과는 우유를 언제 넣든지 발생하게 마련이다. 온도는 평형을 향해 움직이는 경향이 있다. 다시 말해 뜨거운 것은 주변과 동일한 온도에 도달할 때까지 주변에 열을 전달한다. 평형에 도달하는 속도는 온도 차에 달려 있다. 온도 차가 클수록 열은 더 빨리 전달된다.

언제 우유를 넣을 것인가

차를 만들 때 차를 우려내기 전에 우유를 넣으면 밀크티가 되면서 일차적으로 식는다. 그리하여 같은 시간 동안 밀크티는 우유를 타지 않은 차에 비해 느리게 식는다. 즉 차를 우려낸 뒤에 우유를 섞으면 차가 더 많이 식어서 차의 맛이 좋지 않다는 뜻이다. (실제 온도 차는 겨우 1~2도에 불과해 느끼지 못하겠지만 과학적으로는 그렇다는 말이다.)

기초물리학

FUNDAMENTAL PHYSICS

물리학의 기본을 익혔는가?
기초물리학에 대한 문제를 풀면서 자신의 실력을 테스트해 보라.

Questions

1. 당신의 속도가 빨라지면 어떤 일이 발생하나?

2. 어떤 시스템(계)을 설명할 때 사용하는 방정식은 무엇인가?

3. $E=mc^2$에서 E는 무엇을 의미하는가?

4. 당신을 향해 다가오는 물체에는 어떤 종류의 편이가 발생하는가?

5. 과거에는 어떤 수준의 시그마가 사용되었나?

6. 국제킬로그램원기는 어떤 물질로 만들어졌는가?

7. 시간 차원은 몇 개가 존재하나?

8. 자석의 종류는 2가지인데 어떤 것이 있는가?

9. 시간이 빨라지거나 느려질 수 있다는 원리는?

10. '시간의 화살'의 과학적 명칭은 무엇인가?

Answers

정답은 208페이지에서 확인하세요.

엑스레이를 찍을 때 의료진은
왜 문밖으로 나가는 걸까?

박테리아는 어떻게 이동할까?

박테리아는 생물 중에서도 가장 작다. 그들은 우리 인간으로선 알기 어려운 너무나 다른 규모의, 그리고 규칙도 꽤나 다른 세상에 살고 있다. 이런 세상에서 움직이기 위해 박테리아는 발로 차기보다는 모터 같은 편모나 꼬리로 자신의 몸을 회전시켜 수영한다.

시럽 안에서 수영하는 기술

수영을 할 때 우리는 팔과 다리로 물을 헤치며 추진력을 만들지만 박테리아는 우리보다 훨씬 작아서 주변 물로부터 더 많은 영향을 받는다. 그것은 마치 시럽 안에서 수영하는 것과 같다. 그래서 박테리아는 앞쪽으로 이동하려고 애쓰는 대신 '항력'이라는 다른 종류의 힘을 사용한다.

생물학적 모터의 효능

한 마리의 박테리아 안에는 한 종류의 생물학

적 회로가 있다. 피를 운반하는 대신 (왜냐하면 혈구 하나가 박테리아보다 평균 4배 더 크기 때문이다) 이 회로는 마치 전자회로처럼 전자를 운반한다. 이런 전자의 흐름은 우리가 전기를 발생시키는 과정과 동일한 방식으로 모터를 구동할 수 있다. 방향만 반대일 뿐이다. 이 회전 모터는 박테리아의 감겨 있는 꼬리와 몸을 서로 반대 방향으로 회전하게 한다. 이것은 박테리아가 끈적거리는 주변 환경을 헤집고 나가게 해주고, 본질적으로는 박테리아가 견인력을 활용하여 자기 몸을 끌고 갈 수 있게 해준다. 하지만 이것이 완벽한 과정은 아니다. 액체가 무작위로 움직이면 박테리아는 여전히 사방을 헤매고 다닌다. 그래도 이 회전운동이 추가되면 자신이 선호하는 이동 방향을 만들어낼 수 있다. 그래서 시간이 조금 걸리긴 하지만 결국 그들은 원하는 곳으로 갈 수 있다.

도넛을 닮은 적혈구의 모양은 왜 중요할까?

적혈구는 우리 몸에서 믿을 수 없을 정도로 중요한 역할을 한다. 이들은 폐에서 산소를 가져가 필요한 곳으로 운반하는 심부름꾼이며 그 목적에 알맞게 자신의 모양을 특별히 개조했다. 적혈구는 그 독특한 모양 덕분에 몸속에서 산소를 더 빠르게 운반할 수 있다.

양면이 오목한 원반 모양의 효용

세포의 모양은 '양면이 오목한 원반 모양'이라고 알려져 있다. 이는 양면의 중심이 들어가 있는 모양으로 중앙의 구멍을 둘러싼 얇은 막이 있는 도넛과 비슷하게 생겼다. 이 모양은 일반적인 원반 모양보다 표면적이 넓다. 이런 모양이 유용한 이유는 세포의 표면에서 산소나 이산화탄소를 공급받는데 표면이 넓을수록 산소나 이산화탄소의 공급이 더 용이하기 때문이다.

표면적을 늘리는 특별한 구조

표면적을 늘리기 위해 특별한 모양을 가진 것은 적혈구만이 아니다. 우리의 폐는 그렇게 큰 주머니가 아니다. 폐 안은 폐포로 가득 차 있고 폐포는 포도처럼 뭉쳐 있는 공기로 가득한 속이 빈 공 모양이다. 폐포 덕분에 폐의 표면적이 수백 배에서 수천 배까지 증가하여 우리가 숨을 쉴 때 폐가 훨씬 더 효율적으로 산소를 받아들일 수 있다.

유물의 나이를 결정하는
탄소 연대측정은 어떻게 할까?

박물관 전시회에서 화석이나 고대 나무 기둥 같은 전시품에 수억만 년 전 연대 정보가 적혀 있는 것을 본 적이 있을 것이다. 이런 유물의 나이는 방사성 연대 결정으로 확인할 수 있다. 탄소 연대측정은 방사성 연대 결정의 한 형태로 탄소의 방사성 붕괴를 이용해 견본을 분석한다.

탄소 연대측정법의 메커니즘

모든 생물은 약간의 탄소-14 원소를 포함하고 있다. 호흡을 통해 체내에 들어온 공기에 섞여 탄소-14가 우리 몸속에 들어온다. 살아 있는 유기체는 거의 같은 비율로 탄소를 흡입하고 소비하기 때문에 체내에 존재하는 탄소-14의 양은 거의 동일하지만 유기체가 사망하면 탄소-14의 흡입이 중단된다.

탄소-14는 방사성 물질이다. 방사성 물질은 시간이 지나면 붕괴되고 반감기 때문에 일정한 속도로 붕괴된다. 과학자들은 유기체가 죽은 지 얼마나 오래됐는지를 알아내기 위해 탄소-14의 반감기를 사용한다. 이것은 살아 있는 유기체에 들어 있을 탄소-14의 양과

분석하려는 견본에 들어 있는 탄소-14의 양을 비교하여 알 수 있다. 만약 절반 정도라면 대략 5,715년 전에 죽은 것이고, 1/4이 있다면 11,430년 전에 죽은 것이며, 1/8일 경우에는 17,145년 전에 죽었다는 식으로 추정할 수 있다.

반감기에 따라 달라지는 방사성 연대측정

탄소 연대측정은 다소 제한적이다. 비교적 짧은 반감기 때문에 과거 어느 정도 시기까지만 신뢰성 있는 연대측정이 가능하다. 5만 년 이상이 경과하거나 반감기가 9회를 지나면 탄

소-14의 양이 아주 적어서 탐지하기가 어렵다. 다행히 암석과 다른 물질에서 다른 종류의 방사성 물질도 많이 발견되므로 이를 통해 화석과 같은 물체의 연대를 추정할 수 있다. 반감기가 다른 물질은 여러 가지 다른 목적으로 사용될 수 있다.

반감기가 길어질수록 더 이전 과거로 거슬러 올라가는 연대측정에 사용될 수 있지만(토륨과 사마륨처럼 반감기가 우주의 나이보다 긴 것도 있다) 대신 정확성이 떨어진다. 탄소 연대측정의 경우, 약 60년 이내라면 연대를 정확히 맞출 수 있다. 반면에 사마륨 연대측정은 상한선이 없지만 가장 가까운 2천만 년 이내의 연대만 알려준다. 그러므로 생물고고학자는 표본의 대략적인 연대에 따라 다양한 방사성 연대측정을 혼합해 사용하고 그 밖의 기법을 활용하여 표본의 연대를 추정한다.

모조 예술품을 보여주는 방사성 물질

방사성 연대측정이 가짜 화석을 골라내는 데만 쓰인다고 생각할 수도 있겠지만 반감기를 사용한 연대측정은 모조 예술품을 적발하는 데도 사용된다! 1945년과 1963년 사이에 전 세계적으로 많은 핵실험이 있었다. 그 결과, 그 시대 이전보다 오늘날 만들어지는 것이 더 많은 방사성 물질을 포함하고 있다. 그중 하나가 페인트 제조에 사용되는 결합제다. 1963년 이후에 만들어진 모든 그림은 더 많은 방사성 물질을 가지고 있어서 그 시기 이전에 만들어진 듯 보이는 모조품을 구별하는 데 도움이 된다.

왜 높은 곳에 올라가면
귀가 멍해지는 걸까?

다들 한 번은 이런 경험이 있을 것이다. 비행기나 터널 안에서 아니면 산을 오를 때 갑자기 귀가 멍해지는 느낌 말이다. 참 이상한 경험인데 왜 특정 상황에서만 이런 일이 일어나는 것일까? 간단하게 말하자면, 귀가 멍해지는 것은 귀 내부 달팽이관과 주변 환경 사이 압력의 평형 작용 때문이다.

귓속 공기 압력의 변화가 만드는 일

귀는 많은 역할을 하는 복잡한 기관이다. 귀의 중간 부분은 유스타키오관이라 부르며 코 뒷부분과 귀를 연결해 주는 관이다. 유스타키오관은 우리가 매일 겪는 정상 기압의 공기로 가득 차 있고 보통은 닫혀 있다. 그런데 비행기나 터널 안에 있을 때는 주변의 기압이 변할 수 있다. 주변 기압이 낮다는 것은 내 귓속 공기의 압력이 외부보다 더 높다는 의미다. 이렇게 되면 유스타키오관 안의 공기가 부풀어 올라 귀의 나머지 부분을 밀어내므로 불편한 느낌이 들고 소리를 듣기가 어려워진다.

압력의 평형을 유도하는 방법

압력이 평형을 이루려면 튜브가 열려 공기가 빠져나갈 수 있어야 한다. 이것이 아주 빠르게 일어날 때 귀가 '펑' 하는 느낌이 든다. 이것은 자연스럽게 일어날 수도 있지만 침을 삼키거나 하품을 하는 행동을 통해 유도할 수도 있다. 만약 당신이 감기에 걸렸을 때 그 관이 붓거나 막히면 압력의 불균형은 어지럼증과 이명 현상을 불러올 수 있다.

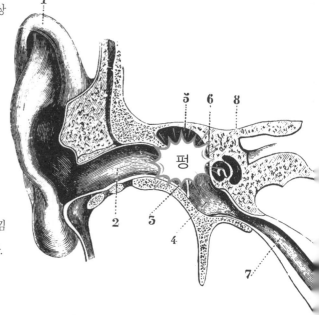

엑스레이를 찍을 때 의료진은
왜 문밖으로 나가는 걸까?

엑스레이는 몸을 절개하여 열어보지 않고도 몸속을 살펴보는 하나의 방법으로 아주 유용한 현대 의술의 산물이다. 하지만 엑스레이를 찍을 때면 의료진이 촬영실 밖으로 나가는 걸 본 적이 있을 것이다. 그럴 때면 다소 걱정되기도 하겠지만 실은 단지 방사선 양 때문에 그러는 거라 크게 염려할 일은 아니다.

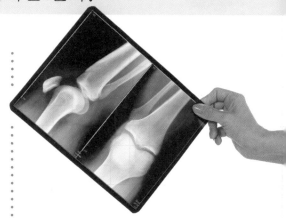

엑스레이 촬영은 어떻게 이루어지나

엑스레이는 (빛과 같은) 고출력 전자기 방사선의 한 유형이다. 주파수가 높기 때문에 피부와 근육 같은 것은 통과할 수 있지만 밀도가 더 높은 뼈에는 흡수된다. 일종의 감응 필름을 엑스레이를 찍을 사람 뒤에 놓은 후 그 사람을 향해 엑스레이를 짧게 발사한다. 뼈는 엑스레이를 흡수하지만 뼈가 없는 곳은 엑스레이가 관통하여 필름을 가열해서 필름의 색이 변한다. 이렇게 찍힌 인체의 내부 사진을 보고 의사는 절개하여 열어보지 않고도 환자의 뼈가 부러졌는지 확인할 수 있다.

해마다 수천 번 반복되는 촬영

엑스레이는 방사선의 한 형태로 조절해서 사용하면 완벽하게 안전하다. 엑스레이 검사 한 번에 노출되는 방사선량은 며칠 동안 자연환경에서 받게 되는 자연 방사선과 비슷한 정도다. 따라서 엑스레이를 찍어도 건강에는 아무 영향이 없다. 심지어 일 년에 열 번이나 스무 번 이상 엑스레이를 찍어도 해가 없다. 하지만 엑스레이를 쏘는 치과 의사나 의사(또는 방사선 촬영기사)는 일 년에 수천 번 이런 검사를 반복한다. 그리고 몇 년 동안 계속해서 수천 번 이상 높은 수준의 방사선에 노출되어 왔다면, 일반적인 엑스레이 검사를 받는 것조차 건강에 위험할 수 있다. 엑스레이 촬영을 하는 동안 방을 나감으로써 의료진은 직업에 의한 방사선 노출 수준을 안전한 정도로 유지할 수 있다.

왜 식물은 모두 초록색인 걸까?

자연의 경이로운 신비는 우리 주변의 모든 풀과 나무, 식물에서 찾아볼 수 있다. 수백만 개의 식물 품종이 있지만 거의 모두가 공통적으로 녹색 잎을 갖는다. 대부분의 식물은 아마 초록색일 것이다. 왜냐하면 태양이 초록색이기 때문이다.

태양은 원래 초록색

당신은 그렇게 생각하지 않을 수도 있지만 태양은 초록색이다. 모든 별과 마찬가지로 태양은 전자기장 스펙트럼 전체에 걸쳐 여러 가지 다른 색의 빛을 (심지어 볼 수 없는 빛도) 방출한다. 그래서 태양은 모든 색의 빛을 섞었을 때 얻을 수 있는 색인 하얀색으로 보인다. 하지만 태양이 가장 많이 내는 빛은 초록색이므로 우리는 태양을 초록이라고 부른다. 그러나 우리 눈에는 초록색으로 보이지 않는다. 왜냐하면 빛은 우리 눈에 도달하기 전에 대기를 통과하는데 대기가 빛을 산란시켜 노란색으로 보이게 하기 때문이다.

엽록소는 왜 초록색인가

나뭇잎은 초록색이다. 왜냐하면 엽록소가 초록색이기 때문이다. 엽록소는 잎의 한 부분으로 식물이 광합성(식물이 양분을 생성하는 과정)에 필요한 에너지를 얻기 위해 햇빛을 흡수한다. 그러면 엽록소는 왜 녹색인지 질문해 보자. 어떤 사람은 태양의 풍부한 초록빛을 흡수하기 위해 나뭇잎이 초록색을 띤다고 생각한다. 하지만 만약 나뭇잎이 초록색이면 그것은 초록색을 제외한 모든 것을 흡수한다는 의미다. 왜냐하면 초록색은 당신 눈에 반사되어 보이는 유일한 빛이기 때문이다. 만약 나뭇잎이 정말로 가능한 한 많은 빛을 흡수하도록 적응되었다면 아마 검은색이 되었을 것이다. 하지만 검은 식물은 그다지 많지 않다.

사실 대부분의 식물이 초록색인 이유는 잘 알려져 있지 않다. 유력한 이론은 식물이 초록빛을 제외한 햇빛 광선을 흡수하며 만약 그들이 초록색을 흡수하면 열을 흡수하게 되어 해롭다는 것이다. 식물이 초록색이기 때문에 안전하게 초록빛을 반사할 수 있다는 말이다.

물이 모든 생명체에게
필수 조건인 이유는 무엇일까?

물은 모든 생명체에게 필요하다. 아메바에서 코끼리까지 그리고 그 사이에 있는 모든 생명체도 모두 물을 마셔야 한다. 왜냐하면 물 분자가 생물에게 필요한 많은 다른 화학물질을 분해할 수 있기 때문이다.

화학적으로 완벽한 가위

물 분자는 2개의 수소 원자와 하나의 산소 원자로 구성된 삼각형 모양이다. 산소 원자가 더 크고 주변에 더 많은 전자를 가진다. 이것은 물 분자의 끝부분은 약간 더 음전하를 띠고 뒷부분은 약간 더 양전하를 띤다는 것을 의미한다. 이 특성을 쌍극성이라 부른다. 이런 대전 상태는 물 분자를 완벽한 화학적 가위로 만든다. 전하를 띤 끝부분과 수소 원자는 다른 분자를 분해하는 데 사용될 강한 힘을 공급할 수 있다. 이것은 물이 많은 화합물을 분해하여 호흡과 같이 체내에서 일어나는 각종 프로세스에 필요한 기본 구성 요소를 만들어낸다는 것을 의미한다.

생명체에 필수적인 물의 역할

화합물을 분해하여 혈액이 체내에 운반할 수 있도록 하는 물의 분해 능력은 믿기 힘들 정도로 중요하지만 살아 있는 유기체 내에서 물의 역할은 이 뿐만이 아니다. 물은 광합성에서 호흡까지 많은 과정에 있어서 중심이 된다. 또한 물은 체내의 독소를 제거하는 데 도움을 준다. 물이 없으면 모든 유기체는 마르게 되고 필요한 영양분을 더 이상 섭취할 수 없게 되며 이는 죽음을 의미한다. 그러므로 물은 모든 생명체에게 중요하다. 또한 물은 '수소결합'이라 불리는 화학결합을 형성하는데, 수소결합으로 인해 물은 여러 가지 유용한 성질을 갖는다. 예를 들어 수소결합 때문에 호수의 물이 위에서 아래로 얼어붙어 호수 바닥은 겨울 동안 물고기가 살 수 있는 안전한 공간이 된다.

우리가 음식을 통해
섭취하는 방사능은 얼마나 될까?

방사능은 무서워 보일 수 있지만 그것은 식량을 안전하게 유지하기 위해 위험한 미생물을 처리하는 완전무결한 자연의 처방이다. 그렇다 해도 여전히 방사선에 노출된 음식을 먹는 것은 꺼림칙할 수 있다. 하지만 걱정할 필요 없다. 음식으로 방사능을 섭취할 일은 거의 없다.

방사선 치사량은 얼마일까

방사선은 몇 가지 방법으로 측정된다. 측정의 기본 단위는 시버트(Sv)다. 이것은 살아 있는 신체에 흡수되는 방사선 양을 측정하는 것으로 인간에게 미치는 위험을 측정하는 가장 좋

은 방법이다. 신체의 각 부분은 서로 다른 양의 방사선을 흡수하고 시간이 지나면 자연적으로 그 양이 줄어든다. 엑스레이로부터 5마이크로시버트만큼의 방사선을 받았다고 해서 그것이 몸에 영원히 남아 있는 것은 아니다. 우리 주변 환경에는 많은 방사선이 있어서 날마다 약 1마이크로시버트의 방사선을 받는다고 한다. 방사선의 치사량은 3,500밀리시버트(일일 노출량의 350만 배에 해당)다.

바나나는 원래 방사능 함유 식품

우리가 먹는 음식이 방사능을 가지게 되는 경우는 크게 2가지다. 첫 번째는 식품 회사에 의해 고의로 방사선 처리가 된 경우다. 이런 방사선은 아주 소량으로 식품을 살균하기 위해 쓰인다. 투여량을 세심하게 조절하여 관리하면 식품을 손상시키지 않고 미생물을 비롯한 여러 해로운 것을 없앨 수 있다. 그 외 다른 식품은 식품에 함유된 자체 화학물질 때문에 자연적으로 방사능에 노출된다. 바나나는 그 안에 들어 있는

칼륨-40 때문에 방사능이 있는 것으로 잘 알려져 있다. 그 양은 겨우 0.1마이크로시버트인데 이것은 정상적인 일일 노출량의 약 1퍼센트에 해당한다. 만약 바나나에 의한 방사능 중독으로 빠른 시일 내에 죽으려면 3,500만 개의 바나나를 먹어야 한다. 감자, 견과, 콩과 같은 식품도 유사하게 적은 양의 방사능을 포함하고 있다.

방사능이 인체에 미치는 영향

신체에 손상을 입힐 만큼 충분한 방사선을 받으려면 핵폭발 근처 또는 원자력발전소의 원자로 옆에 서 있어야 한다. 그러면 순식간에 치명상을 입을 수 있다. 방사선이 무서운 가장 큰 이유는 냄새를 맡을 수도, 느낄 수도, 볼 수도 없다는 것이다. 그러나 방사선에 노출된 사람들이 이상한 금속 맛을 느꼈다는 보고가 있었다.

만약 1~2시버트의 방사선에 노출된다면 가벼운 두통이 발생하기 시작하고 매우 쇠약해지고 피곤해진다. 이런 증상은 곧 사라지겠지만 장기적으로는 백혈병과 같은 암에 걸릴 확률이 눈에 띄게 늘어난다. 3~4시버트일 경우,

매우 아프기 시작하고 정신이 흐릿해진다. 머리카락이 빠지기 시작하며 면역 체계가 손상된다. 집중적인 치료가 없다면 아마 한 달 안에 사망할 것이다. 6시버트 이상일 경우, 격렬하게 아프고 발작을 일으키며 토하게 된다. 집중적인 치료를 받아도 결국 수일 내에 사망한다.

방사선 질환의 영향은 매우 빠르고 치명적일 수 있기 때문에 모든 유형의 방사선 근원지는 엄격히 통제하고 있으며 식품의 방사능 수치는 제조에 있어 엄격하게 규제되고 있다.

31

왜 지구상의 생명체는 모두 탄소를 기반으로 할까?

지구에 있는 생명체는 모두 탄소를 기반으로 하고 있다. 그것은 생명체를 구성하는 기본적인 화합물이 탄소라는 것을 의미한다. 탄소는 지구상에서 발견되어 건조시킨 바이오매스(모든 생명체의 총 무게)의 약 절반을 차지하며 인과 질소 등 생명체를 구성하는 나머지 원소와 결합하여 화합물을 이루는 주요 원소이기도 하다. 이것은 탄소의 특별한 성질 때문이다.

믿을 수 없을 정도로 긴 사슬

첫째, 탄소는 지구에 아주 풍부하여 복합 구조를 형성하기에 충분한 양이 존재한다. 둘째, 탄소는 아주 유연한 원소다. 탄소는 4개의 바깥전자를 갖고 있어 4개의 서로 다른 결합을 형성할 수 있는데, 이는 탄소가 여러 가지 다른 모양으로 결합할 수 있다는 것을 의미한다.

탄소가 형성할 수 있는 더 중요한 화합물은 사슬 모양 탄화수소다. 이것은 수소와 탄소만으로 이루어진 믿을 수 없을 정도로 긴 분자이며 복합 분자를 생성하기에 완벽하다. 이 다중결합 덕분에 탄소는 산소, 질소, 인, 황과 같은 다른 중요한 원소와 쉽게 결합할 수 있다. 이 화합물은 단백질을 형성하는 사슬 모양 탄화수소에 결합하여 그 후에 DNA를 만든다.

탄소가 없는 삶

생명체가 탄소를 기반으로 할 수밖에 없는 이유는 알려져 있지 않다. 천체생물학자는 극한의 생명체를 연구하고 외계 생명체가 존재한다고 추측되는 태양계 밖의 행성을 조사한다. 실리콘이 탄소의 4결합구조를 공유하고 있다는 점 때문에 천체생물학자는 규소를 기반으로 하는 생명체가 있을 거라는 가설을 오래전부터 세워 왔지만 그 외에 다른 기반이 있을 수도 있다. 일부 과학자들은 지구와 다른 환경에서는 유황, 붕소 또는 심지어 금속을 기반으로 해서 지구상의 유기적 생명체와 유사한 구조를 가진 생명체가 형성될 수도 있다고 주장한다. 그렇지만 정말로 외계 생명체가 존재한다면 그 생명체가 지구의 생명체와 비슷한 데가 있어야 한다는 말은 아니다. 외계 생명체는 우리의 모든 기발한 상상을 초월하는 전혀 다른 것일 수 있다.

생물물리학

BIOPHYSICS

생물물리학에 대해 감이 좀 잡히는가?
다음 문제로 당신의 생물물리학 지식을 시험해 보라.

Questions

1. 혈구 하나에 평균 크기의 박테리아는 몇 개 들어갈 수 있을까?

2. 적혈구는 어떤 모양인가?

3. 당신의 귓속과 코를 연결하는 관의 이름은 무엇인가?

4. 탄소 연대측정을 이용해 측정할 수 있는 가장 오래된 것은 몇 년 되었는가?

5. 엑스레이는 어떤 종류의 방사선인가?

6. 태양은 무슨 색인가?

7. 물 분자는 어떤 모양인가?

8. 탄소를 제외하고 가장 가능성이 높은 생명체의 기반은 무엇인가?

9. 방사능 중독으로 죽으려면 바나나를 몇 개 정도 먹어야 하는가?

10. 우주보다 몇 배 더 오래된 것의 연대를 측정할 수 있는 방사성 물질은 무엇인가?

Answers

정답은 209페이지에서 확인하세요.

에베레스트산 정상에서는
물이 훨씬 빨리 끓는다고?

왜 국제우주정거장에 있는 우주비행사들은 둥둥 떠다닐까?

국제우주정거장(ISS)은 지구 상공 409킬로미터 궤도를 도는 위성이며 지구 밖에서 유일하게 사람이 사는 공간이다. 만약 당신이 그 안에 있는 우주비행사들의 영상을 본 적 있다면 그들이 둥둥 떠다니고 있다는 것을 알 수 있다. 그들이 떠다니는 이유는 그들이 떨어지고 있기 때문이다.

이것은 중력의 문제가 아니다

중력은 땅을 향해 우리를 잡아당긴다. ISS 안에 있는 우주비행사들은 우주에서 떠다니기 때문에 많은 사람들은 그들이 중력의 영향을 받지 않는다고 생각한다. 하지만 전혀 그렇지 않다. 중력의 힘은 절대 멈추지 않으며 우주에 있는 모든 것이 중력을 생성한다. 중력은 어디든지 있다. 심지어 우주에서 가장 멀고 텅 빈 곳에서도 여전히 중력을 경험할 수 있다. 그러나 중력은 멀리 떨어져 있을수록 약해지기 때문에 중력의 힘이 사실상 0이 될 수는 있다. 그런데 ISS의 문제는 여기에 해당하는 것이

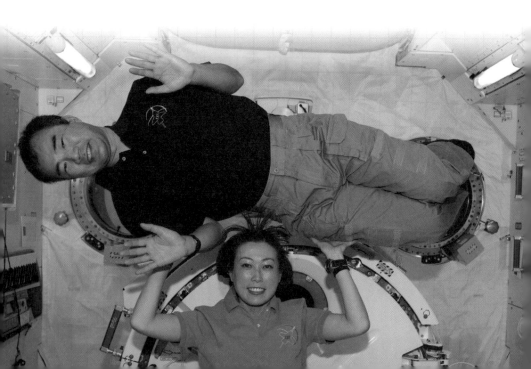

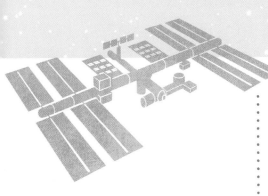

아니다. 사실은 ISS에 미치는 중력은 지구 중력의 89퍼센트에 해당한다. 따라서 ISS의 문제는 중력이 아니다.

계속 떨어지지만 절대 착륙하지 않는

뭐, 어쩌면 아주 조금은 중력과 관련 있을지도 모른다. 지구의 중력은 여전히 ISS를 땅으로 잡아당기고 있다. 그러나 위성은 양옆으로 움직이는 운동량이 충분히 크기 때문에 중력에 이끌려 추락하는 대신 중력에 이끌려 지구 주위 궤도를 회전한다. 그러니 본질적으로 ISS는 계속 떨어지고 있는 것이며, 이것은 그 안에 있는 물건과 사람도 마찬가지다. 그들이 모두 같은 속도로 떨어지고 있으므로 사실상 그들에게는 중력이 작용하지 않는 것과 같다. 왜냐하면 그들은 지속적으로 자유낙하를 하고 있기 때문이다.

우주에 존재하는 4가지 힘

우주에는 4가지 근본적인 힘이 존재한다.

강한 핵력 원자핵이 뭉쳐 있게 하는 힘

약한 핵력 핵의 상호작용에 관여하는 힘

전자기력 전하를 띤 입자가 만들어내는 힘

중력 질량이 만들어내는 힘

중력은 4가지 힘 중에서 가장 약하다. (그래서 우리가 땅바닥에 찰싹 붙어 있지 않다.) 하지만 중력은 가장 중요한 힘인데, 왜냐하면 거시세계의 상호작용을 결정하며 우주의 모든 것에 의해 생성되는 힘이기 때문이다! 물체의 질량이 클수록 중력이 당기는 힘은 더 커진다. 그래서 태양은 중력의 힘으로 행성이 자신의 주변을 돌도록 잡아 놓지만 당신이 가진 중력으로는 아무것도 잡아 놓을 수 없다. 그러나 (다른 모든 근본적인 힘과 마찬가지로) 중력은 거리에 따라 달라진다. 2개의 물체가 서로 가까이 있을수록 둘 사이의 중력 끌림은 커진다. 얼마나 멋진가! 만약 당신이 다른 사람의 바로 위쪽에 손을 올리고 있으면 당신은 태양과 같은 정도의 중력을 그들에게 행사하고 있는 것이다!

무거운 배는 어떻게 해서
물 위에 떠 있는 것일까?

무거운 것은 가라앉고 가벼운 것은 뜬다는 것은 직관적으로 이해가 된다. 그러나 배는 크고 무겁지만 물 위에 뜬다. 그러니까 여기엔 얼핏 봤을 때보다 더 많은 원리가 숨어 있는 게 분명하다. 사실 배가 물에 뜨는 것은 부력의 도움을 받기 때문이다.

중력과 부력의 균형을 찾다

배는 물에 뜨기 위해 부력을 사용한다. 물체가 완전히 물에 잠기면 물체는 자신의 부피와 같은 양의 물을 밀어낸다. 하지만 배를 물 위에 놓아 배가 잠기기 시작하면, 배가 밀어낸 물에서 나오는 부력이 배의 무게를 감소시킨다. 감소되는 정도는 물에 잠긴 부분의 부피와 액체의 밀도에 따라 결정된다. 선체의 많은 부분은 물속에 잠긴다. 배를 설계할 때는 선체가 충분한 양의 물을 밀어내 배를 아래로 당기는 중력과 동일한 크기의 부력이 발생하도록 만든다. 그러면 배 전체 위아래로 작용하는 힘의

합이 0이 되므로 물에 뜰 수 있다.

아르키메데스의 유레카

중력은 아래로 당기고 밀도가 높은 물체는 가벼운 물체 밑으로 가라앉는다. 그래서 바위를 물에 넣으면 가라앉는 것이다. 그러나 물은 중력과 반대 방향의 힘을 만들어내는데 이를 부력이라고 한다. 부력은 물체가 밀어낸 물에서 나온다. 아마도 (출처가 불분명한) 아르키메데스의 일화에서 이 현상에 대해 들어보았을 것이다. 물을 가득 채운 욕조에 들어간 아르키메데스는 물이 넘쳐 흘러내리는 것을 보았다고 한다. 이 이야기에서 그는 이 원리를 이용해 왕관의 밀도를 계산할 수 있었다. 왜냐하면 물체가 물에 잠기면 자신의 부피에 해당하는 물을 밀어내기 때문이다. (그 물체의 무게를 알면 밀도를 계산할 수 있다.) 이렇게 밀려난 물에 의해서 물체를 위쪽으로 밀어 올리는 힘이 작용하는데, 그 힘을 부력이라고 한다.

나무에 못을 박을 때도
물리학이 필요하다고?

선반이나 다른 목공품을 만들고 있는데 못을 몇 개 박아야 한다고 상상해보자. 손으로 낼 수 있는 힘에는 한계가 있다. 그럼 손으로 나무에 못을 밀어 넣으려 하면 자국만 남고 망치를 사용하면 효과가 있는 이유는 무엇일까? 그것은 바로 충격량 때문이다.

힘을 가하는 시간이 짧으면 충격량이 커진다

물체에 힘을 가할 때 힘의 결과는 힘이 가해지는 시간에 영향을 받는다. 충격량은 힘이 가해지는 시간 동안의 평균적인 힘을 측정한 것이다. 물체에 힘을 가하는 시간이 짧으면 충격량이 작아지고 효과는 크다. 그래서 멈춰 있는 물체를 움직이려 할 때 그냥 밀기보다는 순간적으로 힘을 주어 확 밀쳤을 때 힘이 작용하는 시간이 더 짧아서 물체가 움직이는 경우가 많다. 따라서 못을 밀기보다는 망치로 쳤을 때 못에 더 강한 힘이 가해지게 된다.

거리를 확보해 회전력을 늘려라

망치의 힘을 증가시키기 위해 물리학의 또 다른 원리가 사용된다. 당신은 망치 손잡이의 아래쪽을 잡을수록 망치질이 더 쉽다는 사실을 이미 알고 있을지도 모른다. 이것은 회전력 때문이다. 회전력은 회전하는 물체가 생성하는 힘이며, 회전력의 크기는 힘의 작용점과 회전점 사이의 거리를 사용된 힘에 곱하여 구한다. 당신이 망치를 휘두를 때 손 안에서 망치가 회전하고 당신의 손과 망치 머리 사이의 거리가 좀 떨어져 있으면 못을 내리치는 힘이 커진다. 즉 망치 손잡이의 아래쪽을 잡을수록 회전점과 망치 머리 사이의 거리가 멀어지기 때문에 결과적으로 발생하는 힘은 커진다.

높은 곳에서 떨어진 동전이 정말로 사람을 죽일 수 있을까?

중력은 두 물체가 서로를 끌어당겨 가속하게 만든다. 옛 이야기에 따르면 아주 높은 장소에서 1페니 동전처럼 충분히 단단한 물체를 떨어뜨리면 동전은 아래에 서 있는 누군가를 죽일 만큼 충분히 빠른 속도로 떨어진다고 한다. 1페니 동전은 분명 빨리 떨어질 수는 있지만 최종 속도 때문에 실제로 떨어진 동전으로는 아무도 죽일 수 없다.

시속 305킬로미터로 떨어지는 동전

중력은 땅을 향해 잡아당기는 가속력이다. 이 것은 낙하하는 물체가 가속한다는 의미다. 지구 중력의 가속도는 약 $9.8m/s^2$의 세기를 가지고 있는데, 이것은 낙하하는 물체의 속도가 매초마다 초속 9.8미터씩 증가한다는 의미다. 낙하한 지 1초 후에는 초속 9.8미터로 떨어지며, 2초 후에는 초속 19.8미터로 떨어지는 것이다. 높이가 366미터인 엠파이어스테이트 빌딩의 예를 들자면, 1페니 동전이 떨어지는데 걸리는 시간은 9초 미만으로 땅에 닿을 때쯤의 속도는 대략 초속 85미터, 즉 시속 305킬로미터 정도가 된다.

같은 크기, 그러나 서로 다른 위험

하지만 중력이 동전에 작용하는 유일한 힘은 아니다. 동전은 떨어지면서 많은 공기 분자와 부딪칠 것이고 이것은 공기저항을 일으켜 가속을 늦추게 된다. 공기저항의 작용은 중력과 균형을 이룬다. 동전의 속도가 빨라질수록 공기저항은 증가하여 중력과 균형을 이루며 동전이 최종 속도라고 불리는 최대 속도에 다다를 때까지 공기저항은 증가한다. 동전은 매우

가벼워서 뒤집히고 회전하면서 떨어지기 때문에 공기저항을 더 많이 받는다. 그래서 동전의 최종 속도는 매우 낮아져 대략 시속 120킬로미터가 된다. 그래서 만약 동전이 당신의 머리에 떨어졌다면 아프겠지만 죽을 만큼 치명적이지는 않을 것이다.

물체가 무거울수록 운동량이 커지는데 이것은 같은 속도라고 해도 그 충격이 더 강하고 위험하다는 것을 의미한다. 무거운 물체일수록 곧장 아래로 떨어질 가능성이 높아 공기저항을 덜 받게 되며 동전과 같은 물체보다 더 빠른 속도에 도달할 수 있다. 그래서 건축 현장의 임시 가설물에서 떨어지는 너트나 볼트 같은 물체는 위험할 수 있으며 이런 이유로 건설 근로자는 안전을 위해 딱딱한 헬멧을 쓰고 일하는 것이다.

고양이는 높은 곳에서 떨어질수록 안전하다

고양이가 높은 곳에서 떨어져도 살 수 있다는 것은 잘 알려진 사실인데 떨어질 때 최종 속도를 이용하기 때문에 가능하다. 고양이는 높은 곳에서 떨어지면서 앞쪽으로 몸을 비틀고 돌린다. 이렇게 하면 표면적이 증가해 공기저항이 증가하여 안전한 수준까지 최종 속도를 줄일 수 있다. 그런데 여기에는 작은 문제가 있다. 이렇게 하려면 고양이가 몸을 뒤틀고 쭉 펼 수 있는 충분한 시간이 필요하다. 다시 말해 고층이 아니라 2~3층 높이에서는 떨어져 죽은 고양이가 많다는 뜻이다. 고양이가 무려 26층 높이에서 떨어졌는데 살아남았다는 보고가 있다!

어떻게 나뭇잎이 기차를 멈추었을까?

기차가 연착되거나 취소된 경험이 있으면 그게 얼마나 답답한 일인지 잘 알 것이다. 게다가 기찻길 위에 쌓인 낙엽 때문에 기차 운행이 취소됐다는 말을 들으면 더욱 답답하다. 이것이 말도 안 되는 이유처럼 들릴지 모르지만 낙엽은 마찰 때문에 실제로 매우 위험하다.

마찰력이 부족하면 제대로 걸을 수 없다

마찰은 두 표면이 접촉할 때 발생하는 저항력이다. 한 물체가 다른 물체 위를 미끄러지다가 멈추는 것은 마찰 때문이다. 마찰력이 낮다는 것은 두 물체가 보다 쉽게 움직일 수 있다는 것을 의미한다. 물체의 운동에서 마찰은 매우 중요하다. 발과 땅 사이의 마찰 덕분에 우리는 땅 위를 쉽게 걸을 수 있다. 얼음이나 눈 위에서 미끄러져 본 사람이라면 마찰력이 부족한 상황이 얼마나 힘든 것인지 알 것이다.

기찻길 위의 나뭇잎이 연착을 부른다

열차 선로는 균형을 정교하게 맞추어 제작한다. 선로와 바퀴 사이에 마찰이 적어야 열차가 선로를 따라 움직이기 쉽지만(마찰이 높으면 열차를 움직이는 데 더 많은 연료가 필요하다) 기차가 안전하게 멈출 수 있어야 하기 때문에 마찰력이 너무 낮아도 안 된다. 축축한 낙엽이 지나가는 열차에 의해 선로 위로 빨려 들어가면 열차 바퀴에 짓눌려 물기 많은 반죽처럼 변할 수 있고 결국 미끄러운 기름 같은 층을 형성하여 선로를 뒤덮게 된다. 이렇게 되면 열차가 속도를 늦추거나 멈추기가 어렵기 때문에 매우 위험하다. 이것을 감안하다 보면 열차가 더 느리고 조심스럽게 운행해야 하니 열차 지연과 취소로 이어지는 것이다.

중력이 빛의 속도로 이동한다는 것은 무슨 뜻일까?

중력은 어디에서나 항상 우리를 끌어당기는 힘이다. 만약 중력이 어디에서나 우리에게 영향을 미친다면 중력도 빛이나 물체처럼 이동하는 데 시간이 걸릴까? 처음에는 중력이 순간적인 것이라 생각했지만 나중에는 중력이 빛의 속도로 이동한다는 사실이 밝혀졌다.

정보가 이동하는 속도

심지어 우주의 근본적인 힘을 포함한 모든 것은 이동하는 데 시간이 걸린다. 만약 태양이 갑자기 사라진다면 지구에서는 약 8분이 지나야 그 사건을 보게 될 것이다. 이것은 빛과 전자기학과 마찬가지로 중력에도 해당된다. 이것은 정보가 이동할 수 있는 속도에 제한이 있다는 의미이므로 근본적으로 중요한 사실이다. 그 어느 것도 빛의 속도보다 더 빨리 영향을 미칠 수는 없다.

시공간을 왜곡하는 파동

중력이 이동하는 데 시간이 걸린다는 사실에서 발생하는 가장 이상한 효과 중 하나는 극초신성이다. 이것은 진짜로 거대한 별이 죽었을 때 발생한다. 별의 중심은 붕괴되어 블랙홀

로 변한다. 그러나 붕괴의 영향이 별의 바깥쪽으로 이동하는 데 시간이 걸리기 때문에 그 별은 한동안은 아무 일도 없었던 것처럼 계속 빛난다. 그 후 별의 바깥쪽이 뒤이어 블랙홀로 끌려 들어가면서 일반 초신성보다 10배 정도 밝은, 믿을 수 없을 정도로 환한 빛을 만들어 낸다.

아인슈타인이 최초로 예측했던 대로 중력은 중력파의 형태로 이동한다. 질량이 있는 물체가 움직이면 그 움직임은 마치 바다의 파도처럼 시공간을 왜곡하는 파동을 일으킨다. 그러나 중력은 매우 약하기 때문에 중성자별의 충돌과 같은 거대한 사건이 있을 때만 중력파를 실제로 관측할 수 있다.

왜 우리는 대기가 누르는 것을 느끼지 못할까?

우리 머리 위에는 참 많은 것이 있다. 공기, 먼지, 그리고 물이 수십 킬로미터에 걸쳐 있다. 말 그대로 몇 톤 무게의 물질이 우리 머리 위에 놓여 있는 것이다. 그런데 우리는 왜 이것을 느끼지 못하는가? 바로 압력이 균형을 이루고 있기 때문이다.

서로 다른 방향으로 움직이는 코뿔소

열린 공간에 서 있으면 중력 때문에 공기가 우리를 누른다. 우리 머리 위 공기의 무게는 30제곱센티미터 당 1톤 정도인데, 이것은 5마리 코뿔소를 겹쳐서 쌓아 놓은 것과 같은 무게다. 만약 당신 머리 위에서 코뿔소 5마리가 균형을 잡고 서 있다면 분명히 느낄 수 있을 텐데 왜 공기는 느끼지 못하는 걸까? 공기는 유체다. 실제로는 기체지만 유체와 같이 행동한다. 이것은 공기의 무게가 아래 방향으로만 작용하는 게 아니라 모든 방향으로 고르게 분포한다는 것을 의미한다. 코뿔소 한 마리의 무게가 당신을 내리누르고 있는 동안 다른 코뿔소의 무게는 위쪽을 향해 있어 그 둘의 무게가 서로 상쇄되어 당신은 아무것도 느끼지 못하는 것과 같은 이치다.

페트병을 찌그러트리는 압력

이 미묘한 균형을 깨면 무슨 일이 일어나는지 쉽게 확인할 수 있다. 만약 당신이 페트병을 꺼내 안에 있는 공기를 빨아들이면 병이 안쪽으로 찌그러지기 시작한다. 이것은 빨아들이는 페트병이 병을 안쪽으로 끌어당기기 때문이 아니라 병 내부의 공기가 사라지면서 압력의 균형이 깨져 외부 공기의 압력으로 페트병이 찌그러지는 것이다.

10미터마다 100킬로파스칼 증가하는 압력

우리는 평소 공기압에 대해 걱정할 필요 없이 일상생활을 하지만 물속 깊이 잠수하려고 한다면 압력에 대해 생각해보는 것은 중요하다. 깊이 잠수할수록 머리 위쪽에 쌓이는 물의 양이 많아져서 매우 큰 압력으로 당신을 누를 수 있다. 공기의 경우와 비슷하지만 사람은 물의 압력 때문에 죽을 수 있다. 물도 유체인데 왜 다를까? 그건 인간의 몸이 여기에는 적응되어 있지 않기 때문이다.

사람 몸에 미치는 평균 기압의 크기는 약 100킬로파스칼이다. 우리 몸은 자연적으로 이 압력을 견딜 수 있지만 압력이 더 높아지면 어려움을 겪을 수 있다. 물속으로 잠수를 하면 압력이 증가하기 시작한다. 물속으로 10미터씩 내려갈 때마다 압력은 100킬로파스칼만큼씩 더 증가한다. 잠수 전문가는 40미터보다 깊게 잠수하지 말라고 조언한다. 이보다 깊어지면 수압이 사람에게 위험한 수준인 500킬로파스칼을 넘기 때문이다.

해저 11킬로미터까지 잠수한 인간

압력이 높은 환경에 잘 적응한 동물은 많다. 대왕고래Blue Whale는 100미터 이상 깊이까지 잠수할 수 있다. 2014년 과학자들은 해저 8,143미터 지점에서 살고 있는 씨 고스트 꼼치sea ghost sailfish를 카메라에 담았는데, 이 심해동물은 거의 8만 2,000킬로파스칼에 달하는 압력을 견딜 수 있다! 한편 잠수정 덕분에 인간도 바다 깊은 곳까지 잠수할 수 있게 되었는데, 몇 명은 지구에 있는 해저 수권 중 가장 깊은 지점인 해저 11킬로미터의 챌린저 디프(challenger deep 곰에서 남서쪽으로 500km 떨어진 바다 밑)까지 잠수했다.

에베레스트산 정상에서는 물이 훨씬 빨리 끓는다고?

커피 한 잔을 만들기 위해 험한 오르막길과 눈과 매서운 바람과 싸우며 에베레스트산을 오르는 것은 추천하고 싶지 않다. 하지만 만약 그렇게 한다면 물이 평소보다 훨씬 빨리 끓는 다는 것을 알게 된다. 이것은 산 정상의 기압 이 낮기 때문이다.

물이 항상 100도에서 끓는 것은 아니다

우리는 물이 섭씨 100도에서 끓는다는 것을 잘 알고 있다. 하지만 이것은 정확히 말하자면 해수면 높이 또는 기압이 정상인 상황에만 해 당된다. 높이 올라갈수록 기압이 떨어지고 물 의 끓는점도 같이 낮아진다. 해발 8,848미터 인 에베레스트산 정상에서 기압은 34킬로파 스칼(표준기압은 100킬로파스칼)까지 떨어지며 여 기에서는 물이 섭씨 70도 정도에서 끓는다.

기화압력이 대기압과 같아지는 온도

끓는 것은 액체가 기체로 변하는 과정이다. (온도와 함께 증가하는) 액체의 기화압력이 주변 의 대기압과 같아지면 액체가 끓기 시작한다.

그래서 산 위에서는 물이 낮은 온도에서 끓는 다. 즉, 당신이 만드는 커피는 섭씨 70도밖에 되지 않아서 맛을 보장할 수 없다는 의미다. 그러니 맛 좋은 커피를 원한다면 산 아래에 머무는 게 더 효율적이다.

소리는 혼자서 이동할 수 없다는데
그게 무슨 말인가?

소리는 A(음원)에서 B(소리를 듣는 곳)로 이동한다. 빛과 마찬가지로 소리는 파동의 형태로 이동한다. 하지만 빛과 달리 소리는 혼자 이동할 수 없다. 소리는 매질을 통해 진동을 전달함으로써 이동한다.

소리를 가장 잘 전달하는 것은 고체

인간의 말소리는 후두에서 나오고, 스피커의 소리는 진동판에서 나온다. 그러나 근원이 무엇이든 소리는 진동으로부터 시작된다. 진동은 접촉하는 매질에 전달된다. 보통은 공기가 매질이 된다. 진동은 음원 옆의 공기 분자가 진동을 똑같이 흉내 내서 서로 밀치고 움직이게 한다. 이 과정을 반복하면서 소리는 공기 속을 이동한다. 소리는 액체 속을 이동할 때도 동일하게 액체 분자의 진동으로 전달된다. 고체 분자는 움직이지 않지만 진동은 할 수 있다. 사실 고체 분자는 깔끔하게 배열되어 있기 때문에 고체가 소리를 가장 잘 전달한다. 비록 인간의 귀는 공기를 통해 들리는 소리에 더 잘 적응되어 있지만 말이다.

고요 속에서 벌어지는 웅장한 스타워즈

우주는 진공상태라 아무것도 없다. (또는 거의 아무것도 없는 셈이다.) 우주는 텅 비어 있기 때문에 소리를 전달해줄 것이 아무것도 없다. 이것은 아마도 매우 좋은 일이다. 왜냐하면 만약 소리가 전달된다면 태양은 125데시벨 정도의 귀청을 찢는 소리를 끊임없이 낼 것이기 때문이다. 바로 머리 위에서 치는 천둥소리보다 큰 소리다. 또한 이것이 의미하는 바는 영화에서 보았던 레이저와 로켓, 거대한 폭발을 동반한 웅장한 우주 전투가 실제로 일어난다면 완전히 고요한 상태에서 벌어진다는 것이다.

지구를 관통해서 떨어지는 데는 얼마나 걸릴까?

지구의 중심을 관통해서 반대편으로 나올 수 있는 구멍을 뚫었다고 가정하자. 그리고 어떤 이유에서인지 당신이 그 구멍 속으로 뛰어들고 싶었다고 가정하자. 당신이 이런 정신 나간 모험을 감행한다면 당신은 지구 반대편으로 나오기까지 42분 12초 걸릴 것이다.

지구 중심을 통과하는 여행

이런 계산은 다소 까다로울 수 있으니 계산을 간단하게 하기 위해 지구가 동일한 밀도를 가진 완벽한 구이며 우리가 뚫은 구멍 속에는 공기가 없다고 가정해 보겠다. 당신이 구멍 속으로 뛰어들면 추락을 시작한 순간부터 매초마다 초속 9.8미터씩 속도가 빨라진다. 당신은 곧 매우 빠르게 구멍 속으로 점점 깊이 들어간다. 그러나 깊이 들어갈수록 중력이 당기는 힘이 약해지기 시작한다. 당신이 지구 안쪽으로 깊숙이 들어갈수록 아래쪽에서 당신을 당기는 중력은 작아지고 위쪽에서 당기는 중력은 커진다. 당신의 속도는 여전히 점점 빨라지지만 속도의 증가는 점차 더뎌진다. 마침내 당신은 지구 중심에 도달한다. 여기에서는 지구 중력이 당신을 모든 방향으로 똑같이 잡아당

기므로 기본적으로 당신에게 영향을 미치는 중력은 0이다. 하지만 이때는 당신의 이동속도가 엄청나게 빠르기 때문에 지구 중심을 그대로 관통해서 계속 간다. 이제는 당신의 아래쪽보다 위쪽에서 당기는 힘이 더 커서 당신의 속도는 느려지기 시작하고 마침내 구멍을 통해 지구 반대편으로 나올 때쯤에는 속도가 0이 되어 있다.

여행 시간은 거리가 아닌 중력이 결정한다

이 여행을 수학적으로 풀이하면 지구 중력이 당기는 힘 때문에 전체 여행은 42분 12초가 걸리는 것으로 계산된다. 그러나 중요한 것은 소요 시간을 결정하는 것이 거리가 아닌 중력이라는 점이다. 그래서 땅 위의 두 점 사이를 직선으로 연결하는 구멍을 내 (서로 정확한 대척점이 아니어도 된다) 당신이 방해받지 않고 그 구멍 속으로 떨어진다면 두 점 사이를 이동하는 시간은 언제나 일정하다. 물론 실제로 당신이 지구 중심을 관통한다면 불에 타서 재가 되겠지만 말이다.

일단 구멍부터 뚫어야 가능한 여행

실제로 이런 구멍을 뚫는 것은 불가능하다. 지구의 평균 두께는 12,743킬로미터이며 지구에 뚫린 가장 깊은 구멍은 직경 23센티미터로 굴착한 러시아 콜라반도의 '굴 파기 프로젝트Kola Superdeep Borehole'다. 이 프로젝트의 목적은 지구의 지각 끝인 15킬로미터까지 굴착하는 것으로, 1970년에 굴착이 시작되어 1989년에 마무리되었는데, 성과는 지표에서 겨우 12.2킬로미터 깊이에 불과하다.

유리병에 담긴 케첩을 따르는 건 왜 그렇게 힘들까?

유리병에 담긴 케첩을 따르는 일은 정말 짜증 나는 일이다. 병을 흔들고 때리고 거꾸로 들고 기다려 보다가 결국 케첩을 안 먹기로 결심한다. 하지만 때로는 한꺼번에 케첩이 쏟아져 음식을 망치는 경우도 있다. 케첩이 이렇게 까다로운 존재인 이유는 비뉴턴유체이기 때문이다.

뉴턴의 점성법칙이 성립하지 않는 유체

모든 유체는 '점성'이라는 성질을 갖는다. 유체 안의 분자가 서로 부딪치며 발생하는 마찰력 같은 것이다. 물처럼 점성이 작은 유체는 쉽게 흐르지만 시럽과 같이 점성이 큰 유체는 훨씬 느리게 흐르고 매우 끈적끈적하다. 그런데 비뉴턴유체Non-Newtonian Fluids(뉴턴의 점성법칙

이 성립하지 않는 유체를 가리킨다)의 점성은 일정하지 않다. 다시 말해 유체에 가해지는 힘의 정도에 따라 점성이 바뀐다. 케첩 덩어리는 점성이 매우 커서 액체라기보다는 점액 덩어리와 유사하다. 하지만 힘을 가하면 점성이 작아지면서 쉽게 흘러나온다.

한 방울 떨어지는 데 8년 걸린 액체

가장 끈끈한 액체는 역청(도로 포장에 자주 쓰이는 시커먼 물질, 천연아스팔트)이다. 1927년 오스트레일리아 퀸즐랜드 대학의 토마스 파넬 교수는 깔때기에 뜨거운 역청을 붓고 역청이 깔때기 밑으로 흘러내려 방울을 형성하여 떨어지는 것을 기록하는 실험을 했다. 첫 번째 방울이 떨어지는 데 8년이 넘게 걸렸고 2014년에 아홉 번째 방울이 떨어졌다. 다음번 방울은 2028년 정도에 떨어질 것으로 예상된다. 이 실험 결과를 기준으로 보면 역청은 물보다 점성이 2,800억 배 높다.

힘

FORCES

과학 퀴즈 좀 풀어 봤다는 사람도 다음 문제는 쉽지 않을 것이다.
이 장에서 공부를 열심히 했다면 이 퀴즈가 식은 죽 먹기라는 것을 보여주기 바란다.

Questions

1. 욕조에 물을 가득 채우고 들어갔을 때 욕조의 물을 넘치게 하는 힘은 무엇인가?

2. 국제우주정거장에 있는 우주비행사들은 지구 중력의 몇 퍼센트에 해당하는 중력을 경험하는가?

3. 망치를 이용해 나무에 못을 박았다면 어떤 효과를 활용한 것인가?

4. 낙하하는 물체의 최대속력을 무엇이라고 부르는가?

5. 땅에서 발이 미끄러지지 않게 막아주는 힘은 무엇인가?

6. 극초신성의 중심에는 무엇이 형성되는가?

7. 우리를 늘 누르고 있는 대기압은 몇 마리의 코뿔소 무게와 맞먹을까?

8. 에베레스트산 정상에서는 물이 몇 도에서 끓는가?

9. 소리를 가장 잘 전달하는 매질은?

10. 케첩은 어떤 종류의 유체인가?

Answers

정답은 210페이지에서 확인하세요.

우리는 진짜
무엇이든 만질 수 있을까?

세상의 모든 것은 무엇으로 구성되어 있을까?

모든 것은 원자로 구성된다. 기린에서 당신에 이르기까지 가장 기본적인 수준에서 모든 것은 원자로 구성되어 있다. 하지만 만약 모든 것이 원자로 구성되어 있다면 원자 자체는 무엇으로 구성되어 있는가? 원자는 중성자, 양성자 그리고 전자로 구성된다.

지금까지의 원자모형은 모두 엉터리다

원자 정도의 크기를 연구하려면 우리는 물체를 조사하는 방식에 대해 다시 생각해 볼 필요가 있다. 서로 다른 색의 공을 뭉쳐 놓은 모양의 원자모형을 본 적이 있겠지만 그 모형은 완전 엉터리다. 원자를 구성하는 부분은 우리

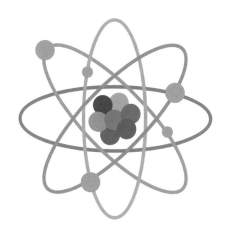

가 전통적으로 생각하는 방식의 어떤 형태를 갖고 있지 않다. 대신 과학자들은 중성자, 양성자, 전자를 속성의 집합으로 생각한다. 양성자는 1의 질량과 +1의 전하를 가지고 있다. 중성자도 1의 질량을 가지고 있지만 전하는 없고, 전자는 0의 질량(질량을 가지지만 너무 작아서 대부분 무시된다) -1의 전하를 가진다.

원자는 핵이라고 불리는 중심이 있고 핵은 양성자와 중성자로 구성되어 있다. 양성자와 중성자는 강한 핵력에 의해 한데 뭉쳐 있다. 이것은 중력보다 뒤오데실리온(1뒤에 0이 38개 달린 수) 배나 더 강하지만 아주 규모가 작은 원자 안에서만 작용한다. 양성자는 양전하를 띠기 때문에 자석의 같은 극과 같이 서로를 밀어낸다. 그래서 중성자는 그들을 분산시키고 양성자 사이의 완충 역할을 한다. 이는 중성자가 핵의 안정화를 돕는다는 것을 의미한다. 양성자와 중성자는 크기가 비슷한 반면 전자는 훨씬 작다. 전자는 음전하를 가지고 핵에 있는 모든 양성자는 양전하를 갖는다. 반대의 전하는 자석처럼 서로를 끌어당기기 때문에 전자는 핵 주위를 돈다.

다른 유형의 원자

원소는 그 원소를 구성하는 단일 원자의 핵 안에 들어 있는 양성자 수로 정의된다. 하지만 같은 원소가 다른 수의 중성자와 전자를 가질 수 있다. 이것은 동위원소와 이온으로 알려져 있다.

동위원소는 원자핵 내의 중성자 수에 의해 정의된다. 모든 원소는 잠재적으로 여러 개의 동위원소를 가질 수 있다. 핵이 클수록 원소가 가질 수 있는 동위원소가 더 많다.

이온은 양전하를 띤 양성자보다 음전하를 띤 전자의 수가 많거나 적은 원자다. 다시 말해 이것은 원자가 띠는 전체적인 전하는 전자가 얼마나 더 많고 적은지에 따라 결정된다는 것을 의미한다.

원자 내의 양성자, 중성자, 전자의 수는 원자의 성질을 결정하고 이것은 다시 우리가 우주에서 볼 수 있는 엄청나게 다양한 물질의 존재를 가능하게 한다.

가장 작은 입자는 무엇일까

전자는 전자 그 자체지만 양성자와 중성자는 다른 것으로 구성된다. 그것이 바로 퀴크

다! 퀴크는 잘 알려져 있지는 않은데 t(top : 꼭대기), b(bottom : 바닥), u(up : 위), d(down : 아래), s(strange : 기묘), c(charm : 매혹) 이렇게 총 6가지 종류가 있다. 중성자는 d퀴크 2개와 u퀴크 1개로 구성되는 반면, 양성자는 u퀴크 2개와 d퀴크 1개로 구성된다.

다른 종류의 퀴크는 중간자와 같은 더 신기한 입자를 형성한다. 퀴크는 특성에 의해 가장 잘 설명된다. u퀴크는 2/3의 양전하를, d퀴크는 1/3의 음전하를 가지는데, 이는 양성자와 중성자가 +1과 0의 전하를 갖는 이유를 설명한다.

또한 퀴크는 강한 핵력에 의해 결합하며 퀴크 하나만 따로 분리해 내는 것은 불가능해 보인다. 퀴크를 분리하려고 하면 분리하기 위해 필요한 에너지로 인해 2개의 새로운 퀴크가 형성되어 결국 두 쌍의 퀴크가 만들어진다. 퀴크보다 작은 것이 있는지는 아직 알려진 바가 없다.

금속을 금으로 바꾸어 주는
현자의 돌이 진짜 존재하는가?

여러 시대에 걸쳐 아이작 뉴턴 같은 전문가를 포함한 연금술사는 전설적인 현자의 돌을 탐구해 왔다. 현자의 돌은 보통 금속을 금으로 바꾸어 엄청난 부를 가져다준다는 상상의 물질이다. 이론적으로는 현대 기술을 이용해 다른 원소를 금으로 바꾸는 것이 가능하다.

금으로 바꿀 수 있는 가장 좋은 금속

모든 원소는 원자로 구성되고 원소는 그 원자에 있는 양성자 수로 정의된다. 금은 79개의 양성자를 가지고 있어 다른 원소를 금으로 바꾸기 위해서는 그 원소가 정확히 79개의 양성자를 가질 때까지 양성자를 없애거나 더해야 한다.

원자에서 양성자를 제거하는 것은 거의 불가능하고 더하는 것도 쉽지는 않다. 수소 원자에 양성자를 더하려면 수백만 도의 온도와 별의 중심에서나 발견될 정도의 큰 압력이 필요하다. 양성자를 더하기 위해 큰 원자를 서로 충돌시키는 쉬운 방법조차도 거대한 최첨단 시설이 필요하다.

하지만 가장 큰 문제점은 금으로 변환시키기에 가장 쉬울 것 같은 78개의 양성자를 가진 원소가 금보다 값이 비싼 백금이라는 점이다. 그래서 이론적으로는 가능하고 그 원리를 증명하는 문제만 남아 있지만 백금이 너무 비싸고 금으로 변환하는 데 시간이 많이 소요되기 때문에 아무도 굳이 금으로 바꾸는 일을 하지 않는다.

118개의 양성자를 거느린 거대 원자

그렇다면 이 기술은 어디에 사용되는가? 과학자들은 이 기술을 사용하여 양성자를 더해서 자연적으로 발견된 것 외의 원소를 합성하고 연구한다. 이 거대 원자는 단지 아주 잠깐 동안 안정적인 상태로 유지되지만 과학자들은 거대 원자의 연구를 통해 원자의 작용에 대해 많은 것을 알게 된다. 오가네손은 118개로 가장 많은 양성자를 가진 원자다. 2002년 러시아 원자력 공동연구소에서 처음 합성되었고 이 발견에 주도적인 역할을 한 유리 오가네손의 이름을 따서 명명되었다.

우리는 진짜 무엇이든 만질 수 있을까?

우리는 항상 무언가와 접촉하고 있다. 당신은 바로 지금 이 책과 접촉하고 있지 않은가! 근데 진짜로 접촉한다는 것은 어떤 의미일까? 어떻게 정의하느냐에 따라 모든 것과 접촉할 수도, 아예 그 무엇과도 접촉하지 못할 수도 있다.

무엇과도 접촉하지 않는 것

이 질문은 알고 보면 까다로운 문제가 될 수 있는데 결론적으로 이 질문은 '접촉'의 정의에 따른 문제다. 전통적으로 우리가 접촉했다고 할 때는 테이블 위에 컵이 놓여 있는 경우와 같이 2개의 물체 사이에 공간이 없을 때라고 말할 수 있다. 하지만 사물을 아주 자세히 보면 이게 그렇게 간단하지만은 않다.

우리는 끊임없이 허공을 맴돌고 있다. 의자에 앉아 있든 땅을 걷고 있든 우리와 우리를 지지하고 있는 표면 사이에는 항상 약간의 공간이 있다. 만약 그 공간을 충분히 가까이 확대한다면 두 물체의 표면층이 전자의 전자기적 반발력에 의해 서로 떨어져 있다는 것을 알 수 있다. 비록 두 물체 사이의 공간이 단단하고 안정적으로 느껴진다 해도 말이다. 이런

공간은 모든 것 사이에 존재하며 심지어 원자 내부에도 존재하기 때문에 이 경우에는 어떤 물체도 서로 접촉하지 않는다고 말할 수 있다.

모든 것과 접촉하는 것

그 어떤 물체도 서로 접촉하지 않는다고 주장하는 것은 내가 물건을 만질 수 있는 게 분명한 만큼 다소 어리석은 얘기로 들릴 수 있다. 그래서 이번엔 '접촉'을 물체 간의 직접적인 상호작용이라고 정의해 보겠다. 그러면 한 표면의 전자가 다른 표면의 전자를 밀어내는 것은 접촉이라고 부르기에 충분하다. 그러나 이것은 또 다른 문제로 이어진다. 중력과 전자기력은 거리가 멀어질수록 약해진다. 이것은 우주의 모든 원자가 다른 원자와 어떤 방식으로든 상호작용하고 있음을 의미한다. 많은 과학자들은 접촉의 경우 그 상호작용이 반드시 일정한 강도와 충분한 거리에 있어야 한다고 규정하지만 이는 자의적이다. 그래서 어떤 면에서 우리는 항상 모든 것과 접촉하고 있다.

빛은 입자인가 파동인가?

10세기의 학자 이븐 알-하이탐이 『광학서 Book of Optics』에서 처음으로 빛의 개념을 논한 이래로 빛의 성질은 꾸준한 탐구 대상이었다. 그러나 아직까지도 빛은 많은 혼란과 복잡성의 영역으로 남아 있는데 그 중심에는 과연 빛이 파동인지 입자인지에 대한 질문이 놓여 있다. 사실 빛은 파동이며 입자다.

파동으로서의 빛

당신은 아마 빛을 파동으로 생각할 것이다. 빛은 자주 파장의 관점으로 언급되며 전파와 흡사하게 전자기 스펙트럼의 일부다. 하지만 이것은 그렇게 간단한 문제가 아니다. 1672년 아이작 뉴턴은 빛을 '미립자corpuscles'라고 부르는 작은 입자로 설명했고 이것은 정설로 자리 잡았다.

뉴턴의 접근 방법에는 많은 문제가 있었지만 1803년 토머스 영의 이중 슬릿 실험 이후에야 비로소 빛의 파동설이 지배적인 이론으로 자리 잡았다. 영은 한 쌍의 슬릿과 스크린을 이용해 실험을 했다. 빛을 한 쌍의 슬릿 사이로 비추자 스크린에 밝은 테두리와 어두운 테두리 모양이 나타났다. 이것은 2개의 슬릿에서 나오는 파동의 간섭현상으로 나타난 결과였다. 이 실험으로 빛이 파동이라는 사실이 결정적으로 증명된 듯했다.

입자로서의 빛

그런데 알베르트 아인슈타인이 파동설을 반박하고 나섰다. 그 시대에 광전효과는 잘 알려진 문제였다. 금속 조각에 빛을 비추면 빛을 받은 전자가 금속에서 떨어져 나가 회로 주변을 흐르면서 회로에 전원을 공급할 수 있다. 하지만 이렇게 되려면 빛이 항상 일정 주파수보다 높아야 한다는 사실이 발견되었다.

아인슈타인은 광전효과가 빛이 입자라는 증거임을 증명했다. 만약 빛이 파동이라면 빛의 강도를 높이거나 빛을 쪼이는 시간을 길게 했을 때 전자의 흐름이 그만큼 많아져야 하는데 실험 결과는 그렇지 않았다. 이것의 의미는 빛이 주파수에 의해 에너지가 결정되는 입자이며 단번에 금속에서 전자를 튕겨 내기에 충분한 에너지를 필요로 한다는 사실이다.

파동 · 입자의 이중성

그래서 빛이 파동이라는 증거와 입자라는 증

거가 모두 존재한다. 그렇다면 결론은 이상하지만 간단하다. 빛은 파동이자 입자다. 사실 영의 이중 슬릿 실험은 빛이 파동임을 증명했지만 빛이 입자임을 보여주는 실험이기도 하다. 게다가 파동과 입자의 성질을 모두 갖고 있는 것은 빛뿐만이 아니다.

1924년 루이 빅토르 드 브로글리는 모든 물질이 입자와 파동의 성질을 둘 다 갖고 있음을 증명하는 공식을 만들었다. (그 당시 이미 입자라고 잘 알려져 있던) 전자를 한 번에 1개씩 이중 슬릿 사이로 통과하게 해보았더니 빛의 파동과 같은 간섭현상이 나타나는 것을 볼 수 있었다. 이 모든 것으로부터의 결론은 모든 물질이 상황에 따라 파동의 특성과 입자의 성질

을 나타낼 수 있다는 것이다. 이것이 일상생활에선 그다지 중요하지 않을 수 있지만 빛이나 작은 입자를 연구할 때는 매우 중요하다.

"빛이 파동임을 증명하는 데
사용된 영의 이중 슬릿 실험은
빛이 입자라는 점도 보여준다."

눈에 보이지도 않는 작은 것들은 어떻게 측정할 수 있을까?

우리 세상은 작은 것으로 가득 차 있지만 그 중 많은 것은 빛보다 작기 때문에 결코 볼 수 없다! 그렇다면 우리는 어떻게 그것이 존재하는지를 알고 측정할 수 있을까? 작은 입자를 직접 감지할 수는 없지만 아주 정교한 실험을 통해 나타나는 효과로 감지할 수는 있다.

안개상자란 무엇인가

안개상자는 물이나 알코올과 같은 일정한 증기를 가득 채운 밀폐 상자다. 작은 입자가 안개상자를 통과할 때 입자와 증기가 상호작용을 하여 비행기가 지나간 뒤에 남는 자국처럼 흔적을 만든다. 그다음 분석을 통해 무엇이 이 흔적을 만들었는지 알 수 있다. 또한 안개

상자에 자기장을 걸어서 전하를 띤 입자의 경로에 영향을 주기도 한다. 이렇게 하면 가벼운 전자는 한 방향으로 나선형 회전을 한다. 하지만 또 다른 실험에서는 전자가 반대 방향으로 회전하는 것이 관측되면서 이것이 양전자의 발견으로 이어졌다.

중성미립자를 검출하는 방법

중성미립자는 전자보다 훨씬 작고 상호작용을 잘 안 하기 때문에 매초마다 수십 억 개의 중성미립자가 우리 옆을 지나가는데도 여전히 감지하기 어렵다. 따라서 중성미립자를 검출하는 연구는 방해가 될 수 있는 다른 종류의 우주 방사선으로부터 중성미립자를 보호하기 위해 지하 깊은 곳에 지어 놓은 시설 안에서 진행한다. 발생 확률이 무척 낮긴 하지만 중성미립자가 전자에 약간의 에너지를 주면 전자가 빠르게 가속하여 체렌코프 방사선이라고 알려진 것을 방출할 수 있다. 그래서 중성미립자를 검출하기 위해 전자로 가득 채운 거대한 수조를 만들고 전자가 발산하는

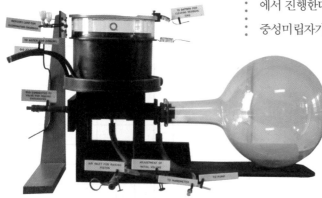

아주 적은 양의 빛을 감지하기 위해 초고감도 카메라로 수조를 덮어 놓는다.

암흑물질을 탐지하는 복잡한 방법

암흑물질에 대해서는 잘 알려져 있지 않다. 이에 대한 이론 중 하나는 암흑물질이 중성미립자보다 훨씬 더 작거나 상호작용을 더 안 하는 입자로 구성되었다는 것이다! 이 입자가 어떻게 작용하는지 정확히 알려져 있지 않기 때문에 다양한 종류의 탐지기 여러 대를 우주 방사선의 방해를 줄일 수 있는 깊은 광산에 설치해 두었다. 이들 중 일부 탐지기는 중성미립자 탐지기와 작동 방식이 유사하지만 다른 점이 있다면 암흑물질의 입자가 상호작용하여 소량의 빛을 생성할 수 있는 절대0도에 가까운 결정체를 사용하여 작동한다. 다른 탐지기는 순수한 기체로 가득 찬 수조를 사용하는데 만약 이 기체가 암흑물질과 상호작용을 한다면 다른 종류의 원소를 만들게 될 것이고 그런 원소는 수조 위쪽으로 올라와 수집될 것이다. 그러나 현재까지 검출된 암흑물질은 없다.

빛의 속도로 충돌한 입자의 최후

스위스에 있는 유럽입자물리연구소의 대형강입자가속기는 입자를 빛의 속도에 가깝게 가속시킨 다음 서로 충돌시킨다. 그 결과로 생긴 폭발은 온갖 종류의 신기한 입자를 만들어낼 수 있다. 이렇게 생성된 입자는 다시 상호작용하거나 다른 것으로 붕괴되어 주위에 있는 아틀라스 탐지기에 관측된다. 이런 방식을 이용해 입자가속기는 중력을 매개하는 입자인 힉스 보손과 같은 놀라운 입자를 발견했다.

맨 처음에 무슨 일이 있었는지
누가 안단 말인가?

우리는 처음에 무슨 일이 일어났는지 확실히 모른다. 그러나 몇 분의 1초 만에 아주 작은 공간에 갑자기 많은 에너지가 생겼다. 이 짧은 시간 동안 오늘날 우주에 있는 모든 것이 생겨났다. 다만 이때는 모두 같은 종류의 물질만 있었고 지금은 주기율표의 다양한 원소로 만들어진 모든 종류의 물질이 있다. 모든 것은 원소로 구성되며 거의 모든 원소는 별에 의해 만들어진다.

빅뱅 그리고 그 후

빅뱅이 일어난 지 약 1초 후에 우주는 강렬한 에너지로부터 양성자와 중성자가 형성될 수 있을 정도로 충분히 식었다. 이후 20여 분 동안 양성자와 중성자가 융합하여 많은 양의 수소와 헬륨 그리고 아주 적은 양의 리튬을 형성했다. 그리고 나서는 약 1억 5천만 년 동안 아무 일도 일어나지 않았다. 이 시기에 자유롭게 날아다니던 수소와 헬륨 입자가 한데 뭉쳐 거대한 가스 구름을 만들기 시작했고 마침내 중력에 의해 스스로 붕괴되어 최초의 별을 만들었다.

태양의 용광로

수소 분자가 융합하여 헬륨을 만들어내는 핵융합은 별의 연료다. 그래서 처음 수억 년 동안 우주는 수소를 헬륨으로 변환하는 이 용광로로만 구성되어 있었다. 하지만 최초의 큰 별이 죽기 시작하면서 무언가가 달라졌다. 연료가 바닥난 별은 다시 안쪽으로 붕괴하기 시작했고 그 결과 이전보다 훨씬 더 뜨거워져서 남아 있는 수소와 헬륨을 융합하여 산소, 질소, 탄소와 같은 새로운 원소를 만들었다. 만약 그 별이 충분히 크다면 붕괴, 가열 그리고 새로운 원소의 융합이라는 순환이 계속되어

이라 불리는 거대한 폭발이 발생한다. 초신성의 폭발은 매우 강력해서 철보다 무거운 원소를 다량 융합해 낼 수 있다. 또한 초신성은 이 엄청난 양의 원소를 우주로 내보낸다.

어떻게 원소가 지구에 왔을까

붕괴하는 별과 초신성으로부터 오는 물질은 우주로 흘러나와 다시 모든 과정이 반복되는데, 그 과정에서 새로운 원소가 가스 구름을 만들어 새로운 별과 행성을 만든다. 태양은 그 이전에 두 차례 발생했던 이러한 과정에서 생긴 잔여물로 만들어진 별이다. 이것은 행성(그들이 공전하는 별과 같은 물질로 만들어짐)이 매우 풍부한 원소를 가질 수 있다는 것을 의미한다. 우주의 75퍼센트가 수소로 만들어졌음에도 불구하고 수소는 지구에서 훨씬 더 낮은 비율을 차지한다. 왜냐하면 수소로 만든 물질이 이미 2개의 별을 거쳐 왔기 때문이다.

철까지 포함한 최초의 26가지 원소를 만들어 낼 수 있었을 것이다.

초신성의 강력한 폭발

별의 중심부에 철이 만들어지면 이런 무거운 원소를 융합하기 위해서는 그 원소를 만들 때보다 더 많은 에너지가 필요하다. 그래서 별은 새로운 원소를 만드는 것을 중단하고 붕괴하기 시작하여 점차 식고 있는 공 모양 물질 덩어리가 된다. 그러나 별이 마지막으로 붕괴할 때 매우 크고 엄청난 압력으로 별의 중심부에서 걷잡을 수 없는 열핵반응이 일어나 초신성

반물질이란 무엇인가?

이 세계를 구성하는 모든 입자에는 이상한 어두운 면이 있다. 모든 입자는 자신과 거울 대칭을 이루고 있는 반입자를 갖고 있다.

거울처럼 똑같지만 서로 다른

반물질은 일반 물질과 구성이 동일하지만 한 가지 다른 점은 속성이 반대라는 것이다. 양전자는 전자의 반물질 형태다. 크기와 질량이 같으며 전자의 전하량이 -1인데 반해 전하량이 +1인 것을 제외하면 정확히 똑같은 작용을 한다. 반양성자와 반중성자는 반쿼크로 구성되고 양전자와 결합한다면 주기율표의 원소를 반대로 복사할 수 있다. 이 반물질 원소가 정확히 어떻게 작용할지 그리고 그것이 물질과 똑같은 것을 생성할 것인지 아니면 전혀 다른

우주를 만들지는 알려져 있지 않다.

절대 만날 수 없는 존재

물질과 반물질은 함께할 수 없다. 그들은 결합하면 폭발한다. 반물질 입자가 반대되는 물질 입자와 접촉하게 되면 그 둘은 모두 소멸한다. 둘 다 입자에서 즉시 엄청난 양의 순수 에너지로 바뀐다. 이것이 반물질이 우리 우주에서 오래 머물지 않는 이유다.

반물질이 입자 충돌이나 다른 상호작용을 통해 만들어지는 순간 그들은 물질과 함께 소멸하여 에너지로 다시 돌아간다.

왜 물질인가?

중요한 질문은 왜 우리의 우주가 반물질이 아

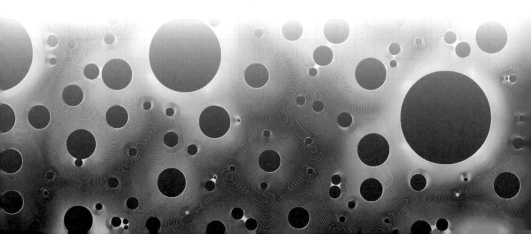

닌 물질로 가득할까 하는 것이다. 우리는 물질과 반물질의 양이 같을 것으로 예상하지만 우주가 처음 시작되었을 때는 물질의 양이 더 많았던 것으로 보인다. 그 이유는 무엇일까? 간단히 말해 아무도 확실한 답을 모른다. 반물질은 어떤 이유로 불안정했을 수도 있고 우주에는 물질과 반물질 집단이 있을 수도 있고 우리는 우연히 물질 영역에 살고 있을 수도 있다. 현재 정확한 해답은 없지만 과학자들은 계속해서 찾고 있다.

반물질의 가치와 제조

공상과학소설에서 반물질은 우주선의 연료로 쓰이거나 은하계 황제를 위한 미사일 탄두로 쓰인다. 하지만 반물질은 실제 세계에서도 만들 수 있다. 전 세계 연구소에서 실시되는 수많은 고에너지 입자 실험에서는 연구를 위한 반입자가 생성되고 병원에서 사용되는 양전자방사 단층(PET) 촬영 장치는 양전자를 생성하여 인체의 상세한 영상을 촬영한다. 심지어 과학자들은 반입자 주변을 도는 단일 양전자로 구성된 반수소까지 만들어낼 수 있다. 반수소 원자는 약 15분간 존재한 후 소멸했다. 연구는 아직 초기 단계이고 반물질에 포함된 엄청난 에너지를 생각하면 미래에는 우주선의 연료로 반물질 1그램만을 사용하여 화성까지 갈 수 있을지도 모른다.

이 끈의 길이가 정확히 얼마일까?

이 오래된 질문에 대한 전통적인 답은 '당신이 자르는 만큼'이다. 하지만 일단 끈을 자르고 나서도 여전히 그 길이를 재야 할 것이다. 아주 작은 규모에서 볼 때 길이를 측정하는 일은 그렇게 간단하지 않다. 사실 사물의 길이가 얼마인지 절대 정확히 알 수 없다.

얼마나 정확히 측정할 수 있을까

나무로 만든 평범한 30센티미터 자를 생각해보라. 자의 긴 쪽 면을 따라 센티미터를 표시하는 검은 눈금이 그어져 있다. 이제 끈 한 조각의 길이를 자로 쟀다고 하자. 끈의 길이를 재보니 13센티미터였다. 그러나 이 길이가 완전히 정확한 것은 아니다. 끈의 끝이 눈금 약간 앞이나 뒤에 놓였을 것이다. 좀 더 좋은 자에는 밀리미터 단위의 눈금도 있어 끈의 길이를 13.1센티미터라고 재거나 12.9센티미터라고 잴 수도 있다. 하지만 현미경으로 들여다보면 여전히 끈의 길이와 눈금이 딱 맞지 않는 것을 볼 수 있을 것이다. 이 문제는 측정에 사용한 장비의 문제가 아니다.

불확정성의 미묘한 세계

부정확한 정도의 양을 불확정성이라 한다. 불확정성은 길이를 측정할 때뿐만 아니라 시간과 무게 등 말 그대로 모든 것을 측정할 때 발생한다. 이것이 단지 사물을 측정하는 방법에 대한 문제라고 생각할 수도 있지만 사실은 우주의 보다 근본적인 부분일 수 있다. 개별 입자 크기의 아주 작은 세계로 들어가면 양자효과가 사물을 좀 이상하게 만든다.

하이젠베르크 불확정성 원리(오른쪽 사진의 베르너 하이젠베르크가 1927년 발표)는 입자의 위치에 대한 불확정성과 속도에 대한 불확정성을 곱한 양은 항상 특정한 값보다 크다고 말한다. 이것이 실생활에서 의미하는 바는 당신이 물체가 어디에 있는지 정확하게 측정하려고 하면 그 물체가 더욱 예측 불가능하게 이동할 것이고, 당신이 물체의 속도를 재려고 하면 그 물체가 어디에 있는지 찾기가 어렵다는 뜻이다.

에너지와 시간에 대한 이야기

하이젠베르크 불확정성 원리는 전자가 핵 주변 어디에 있는지 또는 (거의 광속으로 움직이는) 상대론적 입자의 실제 속도가 얼마인지 결코 실제로 알 수 없다는 의미다. 그러나 이 원리는 단지 속도와 위치만이 아니라 에너지와 시간에도 적용된다. 이것은 입자가 아주 짧은 시간 동안만 존재한다면 무無에서 생성될 수도 있다는 것을 의미한다. 일상생활에서 하이젠베르크 불확정성 원칙은 그다지 중요하지 않다. 불확정성의 원리를 성립시켜 주는 불확정성의 양보다 작은 특정한 값은 엄청나게 작다. 따라서 당신은 끈의 길이를 잴 때 끈의 끝이 어딘지 완벽하게 모르더라도 충분히 잘 측정할 수 있을 것이다.

"당신이 끈의 길이를 측정하려고 할 때 그 끈의 끝이 어디인지 결코 완벽하게 알아낼 수 없을지 모른다."

방사능이란 무엇인가?

당신은 아마도 방사능이 방사능 폭탄, 방사능 폐기물, 그리고 체르노빌 같은 원자력발전소 사고와 관련된 매우 위험하고 두려운 것이라 들었을 것이다. 그런데 방사능은 진보된 기술에서 나오는 것이 아니라 불안정한 원자의 붕괴에서 오는 것이다.

3가지 방사성 붕괴

방사성 붕괴에는 3가지 종류가 있는데 각각 그리스 알파벳 첫 글자를 따서 명명되었다.

알파 붕괴 2개의 양성자와 2개의 중성자(헬륨핵) 묶음의 방출

베타 붕괴 전자와 중성미립자의 붕괴

감마 붕괴 고에너지 전자파의 방출

방사능마다 방출되는 과정과 성질이 다르기 때문에 방사성 물질은 종류별로 다르게 취급할 필요가 있다. 하나의 근원에서 여러 종류의 방사능이 생성될 수도 있다.

알파 입자의 특성과 붕괴

어떤 원자는 너무 커서 함께 있을 수 없다. 원자의 크기를 줄여서 안정적인 상태의 원자를 만들기 위해 원자핵이 알파 입자로 양성자와 중성자 중 2개를 방출하는데 이렇게 함으로써 원자는 더 안정적인 상태의 다른 원소로 변환된다. 하나의 원자에 이 과정이 한 번 이상 발생할 수 있다. 알파 입자는 상당히 위험하다. 크기가 커서 인체 세포를 손상시키고 암과 같은 질병을 유발할 수 있다. 그러나 알파 입자는 멀리 이동할 수 없으며 종잇장처럼 얇은 곳에 보관할 수도 있다. 이것은 알파선이 아주 많은 양을 쐬거나 섭취한 경우에만 위험하다는 것을 의미한다.

베타 입자의 특성과 붕괴

베타 붕괴에서는 안정한 상태가 되기 위하여 원자핵 안의 중성자가 양성자로 변한다. 또한 이 과정은 베타 입자와 같이 빠른 속도로 핵에서 튕겨 나온 전자를 생성한다. 양성자가 중성자로 바뀌기도 하는데 이 경우는 대신 양전자가 방출된다. 베타 입자는 알파 입자보다 훨씬 작기 때문에 사람들에게 큰 피해를 줄 수 없지만 훨씬 더 멀리 이동할 수 있고 어딘가에 넣어 두기가 어렵기 때문에 베타 방사능으로부터 자신을 적절히 보호할 수 있는 알루미늄 같은 것이 필요하다.

감마 입자의 특성과 붕괴

어떤 원자핵은 에너지가 너무 많아서 고에너지 전자파를 방출하여 그 에너지를 고갈시킨다. 감마파는 전파나 빛과 같은 다른 전자기파와 똑같지만 훨씬 강렬하고 전자기 스펙트럼 중 최상단에 위치하고 있다. 감마선은 쉽게 피부에 침투하며 매우 멀리까지 이동할 수 있기 때문에 가장 위험한 유형의 방사선이다. 그래서 감마 근원은 종종 두꺼운 납 상자에 보관한다.

중성미립자란 무엇인가?

그야말로 수조 개의 중성미립자가 매 순간 당신의 몸에 흐르고 있지만 당신은 절대 알지 못한다. 중성미립자는 작고 원자 반응에 의해 생성된, 거의 상호작용이 없는 입자다.

전자보다 작고 흥미를 끌지 못하는

중성미립자는 전자와 약간 비슷하다. 단지 전하가 전혀 없고 훨씬 작으며 전자보다 최소 300만 배 가벼운 질량을 가지고 있을 뿐이다. 중성미립자는 너무 작고 (물리적으로 말해) 흥미롭지 않다. 그들은 거의 어떤 것과도 상호작용을 하지 않는데 이것이 그들이 그렇게 방대한 양으로 존재하는데도 불구하고 탐구하기 어려운 이유다. 그들은 상호작용성이 너무 작아서 1956년에야 처음으로 검출되었고 오늘날에도 중성미립자의 검출은 고도의 전문 장비를 필요로 하는 매우 어려운 일이다. 중성미립자는 전자 중성미립자, 뮤온 중성미립자, 타우 중성미립자의 3종류가 있는데 중성미립자는 3가지 중 무작위로 아무 상태로나 상호 교환이 가능한 것으로 여겨지고 있다.

중성미립자는 어디에서 왔는가

중성미립자는 몇 가지 다른 방법에 의해 생성된다. 원자로나 핵폭탄과 마찬가지로 방사성 붕괴로 중성미립자가 생성될 수 있으며 입자 가속기에서도 생성될 수 있다. 또한 우주에 흔히 존재하며 초신성, 중성자별, 별에 의해서도 생성된다. 태양은 핵융합 과정의 부산물로 중성미립자를 생산한다. 태양은 엄청난 양의 중성미립자를 생성하므로 수백만 마일 떨어진 이곳 지구에서도 1제곱인치(6.4제곱센티미터) 면적을 1초에 5,000억 개의 중성미립자가 통과한다.

입자

머릿속이 좀 복잡해졌을지도 모르겠다. 당신은 이제 중성자와 중성미립자를
구분할 수 있는가? 다음 퀴즈로 당신의 지식을 시험해 보라.

Questions

1. 양성자와 중성자를 구성하는 입자의 이름은 무엇인가?

2. 금을 만들기 가장 쉬운 원소는 무엇인가?

3. 어떤 힘이 모든 것을 만지지 못하게 하는가?

4. 빛은 입자인가 파동인가?

5. 중성미립자와 전자 중 어느 것이 더 작은가?

6. 전자를 보려면 어떤 장치를 사용하는가?

7. 별은 어떤 연료를 태워서 융합하여 헬륨 원소를 만드는가?

8. 전자의 반입자는 무엇인가?

9. 물체의 위치를 알기 어렵게 하는 원칙은 무엇인가?

10. 방사능의 3가지 종류는 무엇인가?

Answers

정답은 210페이지에서 확인하세요.

왜 우리는 달의 한쪽 면밖에 볼 수 없을까?

53

까만 태양을 둘러싼 황금 반지의 정체는?

일식은 정말 멋진 현상이다. 대낮에 하늘이 어두워지고 (해를 가린) 달 주위로 환상적인 원형 고리가 나타난다. 즉 일식은 태양, 달, 지구가 완벽하게 일렬로 늘어서 달이 지구에 닿는 햇빛을 가릴 때 발생하는 현상이다.

일식, 지구에서만 볼 수 있는 쇼?

은하계에서 위대한 외계 문명이 발견되고 우주여행이 흔해진다면 지구는 일식 때문에 관광 명소가 될 것이다! 우주에서 3개의 천체가 일렬로 늘어서는 것은 드문 일이 아니지만 개기일식은 드문 일이다. 궤도 패턴에 따라 다소 차이는 있지만 지구에서 하늘을 봤을 때 달과 태양은 거의 같은 크기로 보인다. 태양계 다른 곳에서는 절대 볼 수 없는 이 놀라운 우연의 결과가 개기일식이며 이때 매혹적인 광륜halo of light을 볼 수 있다. 천문학자는 이것이 매우 드문 현상으로 우주 전체에서도 유일할 것으로 추측한다.

하늘에서 내려온 상서로운 신호

인류는 아주 오래전부터 일식에 대해 기록해 왔다. 과거에는 일식이 하늘의 메시지를 담은

상서로운 징조라고 여겼다. 많은 문명에서 역사적, 종교적으로 위대한 지도자의 탄생과 죽음 또는 중요한 사건을 일식과 연관 지으려는 시도가 있었다. 특히 고대 그리스인은 일식을 신봉했다. 기원전 585년 할리스 전투 중 일식이 발생하자 군대가 전투를 중단하고 신속히 평화협정을 맺었다는 기록이 있다. 그리고 일찍이 밀레투스의 탈레스가 일식을 예측했던 것으로 보아 고대 그리스인은 일식이 어떻게,

왜 일어나는지에 대해 부분적으로나마 이해했던 것으로 보인다.

금성이나 화성 일식도 있다

달이 태양과 지구 중간에서 지구로 오는 햇빛을 가로막는 것처럼 지구도 태양과 달의 중간에서 달에 도달하는 햇빛을 막을 수 있다. 바로 이때 월식이 발생한다. 개기월식은 '블러드 문'으로 더 잘 알려져 있다. 지구가 달과 태양 사이에 있을 때는 태양의 붉은빛만 굴절되어 달 표면에 도달하는데 이때 달이 짙은 붉은색으로 보이는 데서 유래된 명칭이다.

지구 주위를 도는 달의 궤도는 태양 주위를 도는 지구의 궤도와 수평을 이루지 않기 때문에 일식은 매달 발생하지 않는다. 궤도가 서로 어긋나 있어서 때로는 달의 일부분만 지구와 태양 사이를 지나며 부분일식이 일어난다.

일식을 일으키는 것은 달뿐만이 아니다. 금성, 화성, 수성 같은 행성도 궤도를 돌다가 지구와 태양 사이를 지날 때가 있다. 그러나 이 행성은 지구에서 아주 멀리 떨어져 있어 작게 보이므로 태양을 달처럼 많이 가리지는 못한다. 행성이 태양 앞을 지나가는 일면통과 현상이 벌어질 때 특수 장비를 갖춘 망원경으로 관찰하면 아주 작은 일식을 볼 수 있다.

54

왜 행성은 모두 동그란 걸까?

행성의 크기는 다양하지만 모양은 모두 둥글다. 행성은 암석, 얼음, 심지어 기체로 만들어질 수도 있지만 모양은 늘 똑같다. 그 이유는 모든 구성 물질을 안쪽으로 잡아당기는 행성의 중력 때문이다.

행성이 공 모양으로 변하는 과정

중력은 만물을 서로 당기는 힘이다. 물체가 클수록 당기는 힘도 커진다. 물체의 중력은 언제나 중심 쪽으로 다른 것을 잡아당긴다. 다시 말해, 큰 물체가 형성되기 시작하면 그 물체의 중심 쪽으로 매우 강하게 잡아당기는 힘이 모든 방향에서 작용한다. 이런 현상이 일어나기에 가장 좋은 형태가 공 모양이다. 만약 행성이 처음에 정육면체 모양이라도 모서리가 면보다 중심에서 더 멀기 때문에 중력이 자연스레 모서리를 잡아당길 것이고 결국 모서리는 둥글게 변하면서 전체적으로 구 형태로 변한다.

만약 행성이 모양이 쉽게 변하는 가스로 만들어졌다면 이 이야기는 더 직관적으로 이해된다. 그런데 단단한 돌과 얼음으로 만들어진 행성의 경우는 어떨까? 이런 행성은 형성되는 동안 구 형태를 갖추게 된다. 가스 행성이 형성될 때 가스 구름이 서로를 잡아당기는 것과 마찬가지로 이런 행성도 처음 만들어질 때는 무수히 많은 작은 돌과 얼음 조각이 중력에 의해 서로를 잡아당긴다. 그러나 새로운 고체 물질이 형성 중인 행성에 끌려 들어오게 되면 대규모 충돌이 발생한다. 이렇게 충돌할 때 많은 양의 열이 발생하여 행성이 (암석 행성의 경우) 녹은 암석이나 (얼음 행성의 경우) 액체로 변한다. 그리고 중력의 작용으로 오늘날과 같은 둥근 모양을 갖추게 된다.

개성이 확실한 소행성과 혜성

행성뿐 아니라 항성, 블랙홀, 그 밖에 우주의 많은 것 역시 중력에 의해 둥근 모양이 된다. 그럼 둥글지 않은 것도 있을까? 물론이다. 둥근 모양이 될 만큼 강한 중력이 발생하지 않는 지름이 약 595킬로미터가 안 되는 소행성과 혜성은 모두 모양이 제각각이다. 울퉁불퉁한 구형인 경우도 있지만 긴 원통형, 괴상한

장 깊은 곳은 마리아나 해구로 해수면에서 약 11킬로미터 깊이이며 가장 높은 곳은 에베레스트산으로 해발 9킬로미터나 된다.

지구의 평균 지름은 무려 12,743킬로미터다. (중력을 측정해 보면 지름의 길이는 약 21킬로미터 정도 변동 가능하다) 그런데 지구를 지름이 5.7센티미터인 당구공 크기로 축소시킨다면 어떻게 될까? 극지방과 적도 지름의 길이 차이는 약 0.2밀리미터가 되고 지구에서 가장 높은 곳과 깊은 곳의 차이는 고작 0.1밀리미터밖에 되지 않는다. 그러나 (세계풀당구협회에서 정한) 당구 공인구는 약 0.13밀리미터의 진원도roundness tolerance를 갖고 있으므로 지구는 당구공만큼 둥글지 않은 셈이다.

혹투성이, 심지어 오리를 닮은 것(67P/추류모프-게라시멘코 혜성)도 있다.

지구는 정말 둥근 것일까?

많은 행성과 마찬가지로 지구가 완벽하게 둥근 것은 아니다. 자전과 중력의 영향으로 지구는 극지방 쪽이 찌그러지고 적도 쪽이 튀어나온 모양이다. 지구 양극 사이 넓이와 적도 지름의 길이는 약 27킬로미터 차이가 난다. 지표면 역시 평평하지 않다. 지구에서 가

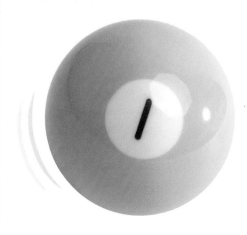

밤하늘의 별은
왜 반짝이는 것일까?

'반짝반짝 작은 별……'. 밤하늘을 올려다보면 수많은 별이 반짝거리고 있다. 하지만 실제 별은 반짝거리며 빛을 내지 않는다. 밤하늘의 별이 반짝이는 것처럼 보이는 이유는 별빛이 대기를 통과하면서 굴절되기 때문이다.

멀리 있는 별이 더 많이 반짝인다

지구의 대기는 매우 두껍고 다양한 종류의 기체로 가득 차 있다. 그래서 빛은 지구 대기를 통과할 때 굴절되고 갈라지고 튕겨 나오면서 왜곡된다. 우리 머리 위의 대기가 움직이면 빛이 굴절되는 방식이 달라지므로 별빛이 밝아졌다 흐려졌다를 반복하며 반짝거리는 것처럼 보이는 것이다.

별빛이 대기를 더 길게 통과할수록 빛의 왜곡은 더 심해진다. 지평선 위의 별이 머리 위의 별보다 더 반짝인다고 생각한 적이 있는가? 그것은 머리 바로 위에 있는 별빛은 직선으로 오지만 지평선상에 있는 별빛은 특정 각도에서 이동해 오므로 대기를 통과하는 거리가 더 멀기 때문이다.

최고의 관측을 위한 사투

천문학자는 대기가 관측에 미치는 영향을 최소화하기 위하여 극단적인 방법을 사용한다. 천문대를 대기 중에 수분이 적은 사막에 설치하는 것이다. 또한 빛이 통과하는 대기층이 상대적으로 얇은 산꼭대기에 천문대를 설치하기도 한다. 대기로 인한 왜곡을 제한하는 보다 현대적인 기법으로는 대기 중에 거대한 광선을 발사하는 방법도 있다. 광선은 안정적이고 이미 알려진 패턴의 빛을 생성한다. 그러면 관측해야 하는 빛의 패턴과 실제로 관측되는 빛의 패턴을 비교함으로써 현재 대기의 상태를 알 수 있다. 그리고 이것을 토대로 별의 이미지를 수정하여 실제와 가까운 이미지를 얻을 수 있다. 왜곡 문제를 해결하는 또 다른 방법은 위성 망원경을 제작하여 공기가 없는 우주로 발사하는 것이다.

태양의 온도는 얼마나 될까?

태양의 온도? 그게 뭐 어려운 문제라고! 인터넷을 검색하면 바로 섭씨 5,537도라는 답이 나온다. 그러나 사실 이건 그렇게 쉬운 질문이 아니다. 태양은 여러 겹의 층으로 이루어진 거대하고 복잡한 천체이며 각 층마다 온도가 다르기 때문이다.

태양의 복잡한 구조와 온도

태양의 중심에는 용광로 역할을 하는 커다란 핵이 있다. 핵의 온도는 약 섭씨 1,572만 도이며 여기에서 수소 원자가 융합하여 헬륨이 형성된다. 핵은 뜨겁고 밀도가 높은 여러 겹의 플라스마로 쌓여 있으며 플라스마의 최고 온도는 섭씨 700만 도에 이른다. 태양의 표면은 상대적으로 낮은 온도인 섭씨 5,537도다. 그러나 표면 위쪽으로 올라가면 온도가 더 뜨거워진다. 태양의 거대한 자기장으로 인해 생성되는 태양풍과 코로나의 온도는 섭씨 500만 도까지 올라간다. 그러나 이 정도 온도는 태양 플레어(흑점 폭발)에 비하면 아무것도 아니다. 태양 플레어는 태양 플라스마가 돌발적으로 분출되는 현상으로 온도가 섭씨 2,000만 도에 달한다!

태양에 가까이 간다면

태양은 매우 뜨거워서 우주선을 타고 근처를 지나간다면 통구이가 될 것이다. 그렇다면 얼마나 가까이 갈 수 있을까? 우주복을 입으면 섭씨 121도까지 안전하고 우주선은 섭씨 2,760도까지 견딜 수 있으므로 튼튼한 우주선을 탄다면 태양에서 209만 킬로미터 떨어진 곳까지는 접근할 수 있을 것이다. 인간이 만든 물체 중 태양에 가장 가깝게 간 것은 2018년 8월 발사한 파커 태양탐사선으로 태양에서 약 700만 킬로미터 떨어진 지점까지 접근했다.

혜성은 무엇으로 만들어졌을까?

환상적인 꼬리를 드리우며 나타나는 혜성이 나이를 불문하고 모든 사람의 상상력을 자극하는 것은 놀라운 일이 아니다. 밤하늘에 가끔씩 나타나 우리를 꿈꾸게 하는 이 방문객의 실체는 과연 무엇일까?

크고 지저분한 눈덩이라니!

혜성은 바위, 먼지, 얼음, 냉각 기체가 혼합된 것이다. 크고 지저분한 눈덩이를 상상하면 거의 비슷하다. 혜성의 크기는 작게는 200~300미터에서 큰 것은 수십 킬로미터에 달한다. 핵이라고 불리는 중심부는 먼지투성이 암석으로 되어 있으며 그 표면을 이산화탄소, 메탄, 암모니아 등의 냉각 기체가 감싸고 있다. 또한 혜성은 포름알데하이드, 에탄올, 심지어는 탄화수소와 아미노산 같이 복잡한 분자를 가진 물질을 포함할 때도 있다. 이런 화합물은 생명의 토대가 되므로 지구 형성기에 혜성이 지구에 충돌하면서 생명이 시작되었을 가능성이 있다고 주장하는 이론도 있다.

긴 꼬리 속에 숨겨진 비밀

혜성의 긴 꼬리는 혜성 표면의 냉각 기체가 태

양열에 녹아 우주로 방출되면서 생긴다. 혜성은 태양에서 약 60만 킬로미터 떨어진 지점에서부터 꼬리를 형성한다. 혜성의 꼬리 중 긴 것은 수백만 킬로미터에 달하기도 한다. 여기에서 흥미로운 사실은 혜성의 꼬리가 태양열과 태양풍으로 인해 형성되기 때문에 혜성이 어느 방향으로 이동하건 꼬리는 항상 태양의 반대쪽을 향하고 있다는 점이다.

혜성에 착륙한 적이 있다고?

2014년 11월 12일 유럽우주국이 발사한 소형 탐사 로봇 필레가 혜성의 표면에 착륙했다. 비

2061년, 핼리 혜성의 해

세상에서 가장 유명한 혜성은 핼리 혜성일 것이다. 핼리 혜성은 태양 주위를 돌고 있어서 75~76년에 한 번 지구에서 관측할 수 있다. 핼리 혜성에 대한 기록은 고대로 거슬러 가지만 1705년에 와서야 영국 천문학자 에드먼드 핼리가 하늘에 주기적으로 나타나는 이것이 사실은 동일한 천체임을 깨닫고 다음번 나타날 시기를 예측했다. (불행히도 그 시기는 그가 죽은 지 17년이 지난 후였다.) 핼리 혜성에 대한 첫 번째 기록은 기원전 240년 고대 중국이었으며, 기원전 164년~기원전 87년 사이에 바빌로니아에서도 기록되었다. 혜성에 대한 가장 유명한 기록은 바이외 태피스트리(1066년에 일어난 노르만인의 잉글랜드 정복 이야기를 묘사한 자수 작품)로 노르만 왕의 잉글랜드 정복 때 나타난 혜성이 길조였다고 기록되어 있다. 지구에서 핼리 혜성을 다시 보려면 2061년 중반까지 기다려야 한다.

록 탐사 로봇이 혜성 표면에 부딪혀 두 번을 튕기고 갈라진 틈에 착륙한 거라 완벽한 착륙은 아니었지만 최초의 혜성 착륙 기록을 수립했다. 또한 옆으로 떨어졌지만 탐사 로봇은 과거 혜성에서 탐지된 적 없는 여러 가지 화합물을 발견하는 등 대부분의 과학 탐사 목적을 완수했다. 12.5시간이 하루인 혜성에서 하루 사이에 온도가 섭씨 영하 145도에서 영하 109도까지 바뀐다는 것을 관측할 수 있었으며, 10~50센티미터 두께의 먼지와 얼음이 함께 엉켜 있는 혜성 표면 아래에는 '폭신하고' 구멍이 많은 암석층이 존재하는 것도 발견했다.

별똥별을 보고 소원을 빌면
정말 소원이 이루어질까?

밤하늘을 스치고 지나가는 별똥별을 보며 소원을 비는 사람이 많다. 그런데 별똥별이 사실은 별이 아니라는 걸 알면 기분이 어떨까? 심지어 별똥별은 우주를 떠다니던 바위 덩어리나 쓰레기가 지구 대기를 뚫고 떨어지는 것이다.

별똥별의 탄생과 죽음

우주 쓰레기인 수백만 개의 자그마한 바위 덩어리가 지구를 향해 떨어질 때 그것은 중력의 영향을 받는다. 떨어지는 속도는 점점 빨라져 최대 초속 7,000미터까지 증가한다. 지구 대기를 통과할 때 공기 입자나 다른 분자와 충돌해 매우 뜨거워지다가 불이 붙어서 하늘을 길게 가로지르는 빛줄기를 형성한다. 이런 일은 대개 지상 48,280~96,560미터 상공에서 일어나며 그 결과 별똥별은 불과 1초만에 불타 사라진다.

별똥별은 일 년 내내 관측할 수 있지만 지구가 혜성 같은 천체의 잔해 사이를 지나가며 생기는 유성우가 발생할 때 가장 많이 볼 수 있다.

무게만 66톤, 호바 운석

우리가 보는 대부분의 별똥별은 모래 알갱이와 조약돌 크기의 천체가 타면서 만들어지지만 이보다 훨씬 큰 경우도 있다. 별똥별이 지구에 추락한 뒤 땅에서 발견된 암석의 잔해를 운석이라고 한다. 한 손에 쏙 들어가는 크기의 돌이 남으려면 원래 암석 크기가 91센티미터 정도 되어야 한다. 현재까지 발견된 운석 중 가장 큰 것은 '호바'로 이 운석이 발견된 농장의 이름을 붙인 것이다. 호바 운석은 무게가 무려 66톤이고 길이가 3미터, 두께가 91센티미터의 육면체 모양이다.

공룡이 멸종한 건 운석 때문

초속 몇 백 미터의 속도로 날아오는 엄청난 무게의 암석과 부딪치는 충격이 얼마나 클지는 상상하기도 어렵다. 다행스럽게도 그렇게 심각한 사건은 자주 일어나지 않는다.

비교적 최근에 있었던 사건 중에 가장 잘 알려진 것은 2013년 첼랴빈스크 유성 사건이다. 이 19미터 크기의 유성은 초속 19킬로미터의 속도로 날아왔다. 대기를 통과하면서 거대한 불덩이로 변한 유성은 100킬로미

터 떨어진 곳에서도 볼 수 있었다고 한다. 또한 유성이 공중에서 폭발할 때 근처에 있었던 사람은 엄청난 열기를 느꼈다고 한다. 어쨌든 그 광경은 장관이었고 다행히 인근 건물에 큰 피해는 없었다.

어떤 운석은 훨씬 큰 피해를 가져오기도 했다. 1908년 6월 30일 툰구스카 대폭발은 60~188미터 크기의 유성이 대기 중에서 폭발하여 발생한 것으로 추정된다. 폭발할 때 힘이 히로시마 원자폭탄의 1,000배에 달했으며 주변 1,930제곱킬로미터 면적의 땅이 무너지면서 거의 1억 그루의 나무가 쓰러졌다. 다행스럽게도 시베리아 외딴 지역이라

폭발로 인해 다친 사람은 없었다.

지구 역사상 가장 큰 영향을 미친 유성 중 하나는 멕시코의 치크수럽 크레이터를 만들었다. 660만 년 전 10~14킬로미터 크기의 유성이 지구와 충돌했고, 일부 과학자는 이 충돌로 인해 대기 중으로 솟아오른 먼지가 급격한 기상이변을 일으켜서 공룡을 멸종시켰다고 얘기한다.

명왕성은 태양계 아홉 번째 행성의 자리를 되찾을 수 있을까?

태양계에는 많은 천체가 있지만 모두 행성인 것은 아니다. 그래서 과학자들은 행성을 정의하는 일련의 기준을 만들었다. 많은 사람이 명왕성을 태양계의 행성이라 여기지만 그 기준에 따르면 실제 명왕성은 행성이 아니다.

행성의 3가지 조건

2006년 8월 국제천문학연맹은 어떤 천체가 행성이라 불리기 위해 필요한 조건을 정했다.

1. 태양을 중심으로 공전한다.
2. 자체 중력으로 구 모양을 갖출 만큼 충분히 중력이 강하다.
3. 자신의 궤도 주변 다른 천체에 비해 월등하게 크다.

불행히도 명왕성의 경우 세 번째 조건에서 탈락했다. 명왕성은 (소행성대와 유사한) 카이퍼 벨트 옆에 있지만 해왕성보다 멀리 있다. 이 말은 명왕성의 궤도 안에 다른 천체가 아주 많다

는 것이다. 즉, 명왕성은 본질적으로 카이퍼 벨트 안에서 유달리 큰 소행성일 뿐이다. 이런 이유로 2006년 명왕성은 행성의 지위를 잃었다.

과거에는 행성이었던 다른 천체

1600년대에서 1700년대 사이에는 목성과 토성의 위성을 행성이라고 생각했다. 그 후 태양이 우주의 중심이라 여겨지면서 이들은 다시 위성으로 분류되었다. 1800년대 초반 최초의 소행성인 케레스, 팔라스, 주노, 베스타가 발견되었다. 이들은 태양을 중심으로 공전하기 때문에 역시 행성이라고 불렸다. 그러나 1800년대 중반 무렵 더 많은 소행성이 발견되면서 소행성을 별도의 범주로 분류했다. (케레스와 명왕성 같이) 구 모양이지만 자기 궤도 주변에서 월등하게 크지 않은 소행성은 2006년 이후에 왜행성이라는 별도의 범주로 분류된다.

북극성은 정말 움직이지 않을까?

북극성은 항상 같은 자리에서 북극을 가리키기 때문에 오랫동안 항해의 기준점이었다. 다른 별은 움직이는데 북극성만 보초를 서고 있는 이유가 무엇일까? 정답부터 말하자면 지구의 자전축(지구 자전의 중심이 되는 가상의 축)이 곧바로 북극성을 가리키고 있기 때문이다.

자전축과 함께 달라지는 북극성

그렇다고 해서 지구의 자전축이 가만히 정지해 있는 것은 아니다. 자전축도 시간의 흐름에 따라 서서히 움직인다. 축이 가리키는 지점은 약 26,000년을 주기로 원을 그린다. 현재는 폴라리스가 북극성으로 불리지만 고대에는 작은곰자리 알파성(폴라리스)과 작은곰자리 베타성(코카브) 사이의 어두운 중간 지점을 같은 목적으로 사용했다. 수천 년 후에는 베가, 알데라민, 투반이 차례로 북극성이라 불릴 것이다.

남십자자리는 남극성이 아니다

지구의 반대쪽에서는 현재 팔분의자리 시그마가 남극성으로 불린다. 그러나 남극성은 매우 흐릿해서 맑은 밤하늘에서만 겨우 볼 수 있으므로 항해에 사용할 수가 없다. 대신 남극성 방향을 가리키고 있는 남십자자리를 항해에 사용한다. 북극성과 같이 시간이 지나 자전축이 움직이면 남극성도 바뀐다. 6만 년 정도 후에는 밤하늘에서 가장 밝은 별인 시리우스가 남극성이 될 것이다.

왜 우리는 달의 한쪽 면밖에 볼 수 없을까?

달 표면의 독특한 무늬는 맨눈으로 보아도 볼 수 있다. 그런데 달은 지구 주위를 공전하는 천체인데도 우리에게 늘 똑같이 보이는 이유는 뭘까? 왜 우리는 늘 달의 같은 면만 보는가? 그 이유는 달과 지구의 동주기자전(행성과 위성의 자전과 공전주기가 같은 것) 때문이다.

달과 지구가 서로에게 미치는 영향

동주기자전은 두 천체가 충분히 오랫동안 서로 공전할 때 중력의 조석력(지구와 달 사이 중력이 당기는 힘)이 자전 속도를 늦추거나 높이면서 일어나는 현상이다. 달의 관점에서 보면 지구가 잡아당기는 중력은 달의 공전 속도를 늦춰서 지구 주위를 27.3일에 한 바퀴 돌게 하고 달의 자전 속도 또한 27.3일이 되게 한다는 얘기다. 이렇게 되면 늘 달의 같은 면이 지구를 향하게 된다. 동주기자전은 달뿐만 아니라 지구에도 영향을 미친다. 동주기자전 효과에 의해 지구의 자전 주기는 과거 6시간에서 현재의 24시간으로 늘어났다. 현재에도 그 효과가 여전히 유지되고 있어 1년에 0.000015초씩 길어지고 있다.

동주기자전에 대한 범우주적 효과

우주에서 서로의 궤도를 공전하고 있는 충분히 크고 가까운 두 천체는 결국 동주기자전을 하게 된다. 대개는 작은 천체가 큰 천체에게 맞춰 동주기자전을 한다. 태양계의 주요 위성 대부분은 모행성과 동주기자전을 하며 아마도 미래에 수성은 태양에 대해 동주기자전을 하게 될 것이다. 왜행성인 명왕성은 자신과 크기가 비슷한 위성인 샤론과 동주기자전을 한다. 다시 말해, 만약 당신이 명왕성 표면에 서 있다면 당신은 늘 샤론의 같은 면만 보게 되고 위치도 늘 같을 것이다.

영원한 밤과 낮과 황혼

항성과 동주기자전을 하는 행성은 정말로 이상하다. 행성의 한쪽 면은 항상 항성을 향해 있어서 매우 뜨거울 것이고 반대쪽 면은 항성의 반대쪽을 향해 있어 영원히 추운 밤이 계속될 것이다. 만약 행성에 물질이 많아서 대기가 존재한다면 행성의 절반은 꽁꽁 얼어붙은 얼음판이고 다른 쪽은 푹푹 찌는 사막일 것이다. 아마도 적도를 둘러싼 아주 좁은 지역에서만 충분한 양의 뜨거운 공기가 얼음을 녹이고

물을 순환시켜서 유일하게 생물이 살 수 있을 것이다. 생명은 이렇게 어두컴컴한 영원한 황혼 속에서만 살아갈 것이다.

누가 달의 어두운 면을 보았는가

늘 달의 같은 면이 지구를 향해 있다는 것은 달의 그 반대쪽 면이 늘 바깥쪽을 향하고 있다는 뜻이기도 하다. 따라서 달의 '어두운 면'은 운석의 영향으로부터 보호를 받지 못해 운석과의 충돌로 인한 분화구가 매우 많다.

어디까지 하늘이고 어디부터 우주일까?

지금 우리 머리 위에는 구름, 비행기, 새로 가득한 하늘이 있다. 그 위쪽 어딘가에는 항성, 행성, 은하로 가득한 우주가 있다. 그런데 정확히 어디까지 하늘이고 어디부터 우주가 되는 걸까? 뚜렷한 답이 없긴 하지만 카르만 경계가 하늘에서 우주로 넘어가는 지점이라는 것이 정설이다.

비행의 한계, 카르만 경계

카르만 경계는 해발 100킬로미터 지점을 가리킨다. 이 높이는 공기가 너무 희박해서 양력을 통한 항공기의 정상적인 비행이 어려워지는 지점을 대략적으로 계산한 것이다. 이 지점보다 높이 비행할 수 있는 물체는 먼 우주까지도 비행할 수 있는 우주선밖에 없다.

카르만 경계가 정확히 어떤 지점이라고 정의할 수는 없다. 기체의 혼합, 기류 및 기타 여러 가지 요소로 인해 일반적인 비행이 불가능해지는 실제 지점은 장소와 시간 변화에 따라 달라지기 때문이다. 따라서 100킬로미터는 대략적인 추정이다. 또한 실제 항공기는 이론적인 비행 한계 고도까지 운항하도록 설계되지 않으므로 항공기가 이 정도 높이까지 올라갈 확률은 거의 없다.

카르만 경계는 항공과 관련한 많은 국제 기준을 정하는 프랑스 국제항공연맹이 정한 기준이다. 그러나 이것이 모든 곳에서 통용되는 기준은 아니다. 미 항공우주국(NASA)은 한때 카르만 경계를 사용했지만 미 공군의 기준에 맞춰 우주의 경계를 80킬로미터로 조정했다.

대기권에는 무엇이 있을까?

하늘은 단순히 하나의 큰 덩어리가 아니다. 하늘은 서로 다른 양상을 보이는 몇 개의 층으로 구성된 복잡한 시스템이다.

대류권은 지표면에서 약 17.7킬로미터 높이까지 뻗어 있다. (극지방에서의 높이는 이것보다 낮다.) 대기권에서 가장 밀도가 높은 지역이므로 여러 가지 운동과 현상이 활발히 일어난다. 대기권 전체 물질의 4분의 3이 여기에 집중되어 있으며 여기에서 대부분의 구름이 형성되고 항공기가 비행을 한다.

대류권 위쪽부터 해발 약 56킬로미터 높이까지가 성층권이다. 성층권에는 태양에서 오는 유해한 자외선으로부터 우리를 보호해 주는 오존층이 있다. 성층권은 가장 높은 구름이 형성되는 곳이기도 하다. 또한 성층권 높이까지 날아오를 수 있는 일부 특별한 새가 발견되기도 했다.

그 위는 중간권이다. 매우 희박하긴 하지만 공기가 있어서 유성이나 우주 쓰레기 같이 우주에서 빠른 속도로 날아온 물체가 중간권에 진입하면 불에 타 사라진다.

마지막으로 열권에 도달했다. 열권의 높이는 거의 724킬로미터에 달한다. 이곳에 카르만 경계와 오로라가 있다. 열권에는 공기 분자가 아주 희박하게 모여 있어 대기권의 가장 상층부를 구성한다. 그 위로는 오직 우주만이 있을 뿐이다.

태양에게 쌍둥이 형제가 있다고?

태양과 같은 항성은 대개 한 쌍으로 태어난다. 태양도 예외는 아니다. 그러나 하늘을 보면 태양은 분명히 하나밖에 없다. 그렇다면 또 하나의 태양은 어디에 있을까? 설마 처음부터 없었거나 사라진 걸까?

모든 항성은 짝을 이룬다

모든 중간 크기 이상의 항성은 대부분 짝을 이루고 있다. 이것은 항성이 탄생할 때의 상황 때문이다. 일반적으로 항성은 거대한 먼지와 가스 구름이 중력에 의해 서로 잡아당겨지는 곳에서 만들어진다. 입자가 서로를 잡아당기면서 마찰이 일어난다. 항성이 점차 커지면 충분한 열과 압력이 형성되어 불이 붙는다. 이 과정이 진짜로 어마어마하게 큰 구름 속에서 일어나기 때문에 동시에 하나 이상의 항성이 형성되며 한 항성의 형성은 다른 항성의 성장을 돕는다.

두 항성이 공전하는 쌍성계

천문학자가 관측한 태양 같은 항성의 절반 이상은 한 쌍으로 존재하는 쌍성계를 이룬다. 쌍성계는 2개의 항성이 둘 사이 가운데 점을 중심으로 공전하는 것을 말한다. 쌍성계 주변을 공전하는 행성이 존재할 수도 있다. 3개 이상의 항성이 공전하는 다중성계는 매우 혼란스러워 붕괴하거나 쪼개지는 경향이 있다. 그렇다고 다중성계가 존재하는 게 불가능하지는 않다. 대개 다중성계는 쌍성계와 더 먼 거리에서 쌍성계 주변을 공전하는 또 다른 항성이 합쳐지는 형태를 띤다.

나의 작은 별은 어디에 있을까?

그렇다면 태양의 쌍둥이별은 어디에 있는가! 확실히 태양계 내에는 없고 그 근처 어디에도 없다. 고성능 망원경을 이용해 탐사를 해 보았으나 지구 근처의 가스 구름에 시야가 가로막혀 관측이 어렵다. 많은 노력에도 불구하고 아직까지는 찾지 못했다. 하지만 태양의 또 다른 형제 중 하나는 발견했다. 원소 구성을 통해 파악된 항성 HD 162826은 헤라클레스자리에 위치한다. 이 별은 태양보다 조금 크지만 밝지 않아서 맨눈으로는 볼 수 없다. 연구 결과에 따르면 이 별은 우리 태양과 같은 장소에서 태어난 것으로 보인다. 그러니 태양의 말썽꾸러기 쌍둥이를 언젠가는 찾게 될지도 모른다.

네메시스라 불리는 별

태양이 잃어버린 쌍둥이는 종종 고대 그리스 신화에 등장하는 복수의 신 이름을 따서 '네메시스'라고 불린다. 이런 이름이 붙은 것은 2개의 별이 함께 있다가 분리되었고 그 후 쌍둥이별이 태양계를 관통해 이동하면서 많은 혜성과 소행성이 태양 쪽으로 날아오게 되었다는 이론 때문이다. 쌍둥이별에 대한 최초의 이론은 네메시스가 태양계의 가장자리에서 여전히 태양의 주위를 공전하는 적색왜성이나 갈색왜성이라고 주장했다. 그러나 현대 기술의 발달로 태양계의 가장 먼 변방까지 탐사했으나 어떤 것도 발견되지 않았다. 따라서 만약 정말 네메시스가 있었다면 오래전에 태양계를 떠났을 것이다.

모든 행성이 일렬로 늘어서면
무슨 일이 일어날까?

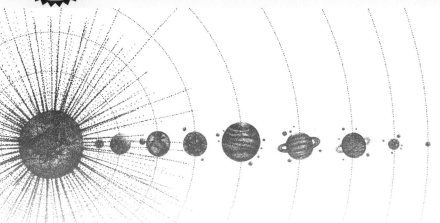

이것은 할리우드 영화, 예언, 점성술의 단골 소재다. 태양계의 행성이 한 줄로 늘어서면 큰 힘을 갖는 어떤 사건이 발생한다. 이것보다 덜 공상적인 설명 역시 이상한 중력 효과로 혼란이 야기될 것이라고 한다. 그럼 실제로 어떤 일이 벌어질까? 아니다. 아무 일도 일어나지 않는다.

그것 참 드문 경우!
사실 태양계의 행성이 진짜 한 줄로 늘어서는 일은 없다. 행성이 태양을 공전하는 각도가 모두 다르므로 한 줄을 형성하기란 불가능하다. 지구에서 봤을 때 모든 행성이 대략 하늘의 같은 부분에 위치하는 것처럼 보일 수는 있다. 하지만 행성의 공전 속도가 서로 다르기 때문에

행성이 물리적으로 가능한 가장 가까운 지점에 근접해도 서로 간의 거리는 상당히 멀다. 다음번에 모든 행성을 동시에 하늘에서 관찰할 수 있는 것은 2492년이며 그때도 넓은 지역에 걸쳐 펼쳐져 있을 것이다. 이런 사건은 수천 년에 한 번 발생한다.

그렇다면 중력은 어떻게 될까?
걱정론자는 행성이 일렬로 서면 중력 효과가 몇 배로 커진다고 주장해 왔다. 그러나 이것은 사실이 아니다. 태양계의 다른 행성이 지구에 중력 효과를 미치는 것은 사실이다. 그러나 이 효과는 엄청나게 미미해서 사실 행성이 어쩌다 일렬로 늘어서게 되더라도 실제로 우리 행성에는 아무 영향도 없다.

태양계에서 가장 높은 산은 어디에 있을까?

우리는 지구에서 가장 높은 산의 엄청난 규모에 감탄한다. 예를 들어 에베레스트산 정상은 해발 8,848미터 높이다. 그러나 가까운 행성이나 소행성에 비교하면 지구의 거대 산은 두더지가 파 놓은 둔덕에 불과하다. 화성에는 이보다 3배 높은 산이 있다.

화성의 올림푸스 몬스

우리에겐 다른 행성에서 '해발'에 준하는 기준을 정할 수 있는 정보가 없으므로 과학자들은 지구 아닌 행성에 있는 산의 크기를 산 아래에서 산 정상까지로 계산한다. 태양계에서 가장 크다고 생각되는 산인 올림푸스 몬스는 화성의 타르시스 몬테스 화산 지역에 위치하고 있다. 바닥에서부터 잰 이 산의 높이는 무려 25킬로미터에 달한다. 올림푸스 몬스의 높이는 1971년 미 항공우주국의 우주탐사선 마리너 9호에 의해 확인되었다. 우리는 에베레스트산을 올려다보며 규모에 감탄하지만 올림푸스 몬스는 너무나 넓고(넓이가 624킬로미터로 애리조나주의 넓이와 비슷하다) 경사가 너무나 완만하므로 그 아래에 서 있다면 지평선 끝까지 온통 산밖에 안 보일 것이다.

붉은 행성의 판

그런데 화성의 산은 왜 이렇게 큰 걸까? 지구에선 지각판의 움직임 때문에 지각 아래에 용암이 쌓일 수 없으므로 하와이 열도처럼 작은 화산이 모인 화산대가 형성되었다. 그러나 화성은 지각을 구성하는 판의 개수가 더 적고 움직이지 않는다. 이 때문에 2개의 주요 판과 용암이 뜨거워지는 지점이 거의 일정하다. 그 결과 행성의 같은 장소에서 마그마가 올라와 분출되는 일이 반복되었고 용암이 그 자리에서 식으며 단단하게 굳어져 서서히 거대한 화산을 생성한 것이다.

지구는 몇 개의 위성을 갖고 있을까?

위성은 행성과 같이 더 큰 천체 주위를 공전하는 천체를 의미한다. 그리고 행성은 대개 항성 주위를 공전하고 있다. 목성과 같은 행성은 여러 개의 위성을 가지고 있다. 가장 최근에 알려진 바로는 가스로 이루어진 이 거대한 행성은 67개의 위성을 갖고 있다. 여기에 비하면 지구의 위성인 달은 다소 외로워 보이지만 사실 달이 밤하늘에 홀로 있는 것은 아니다.

잠시 붙잡혀 있는 천체

달은 지구에서 384,400킬로미터 거리에 있으며 40억 년 이상 지구 주위를 공전해 왔다. 그리고 사실 수천 개의 천체가 일시적으로 지구 중력에 붙잡혀서 잠시 지구 주위를 공전하는데 이들을 '미니문mini-moons'이라고 부른다. 어떤 것은 지름이 1미터 정도지만 대부분은 이것보다 더 작다. 2006년 애리조나대학은 천문 탐사를 하다가 자동차만 한 크기의 미니문을 발견했다. 2006 RH120이라는 이름이 붙여진 이 미니문은 1년도 채 안 돼서 다시 태양 주위를 공전하기 위해 지구 궤도를 떠났다. 2011년 한 연구 팀은 슈퍼컴퓨터를 이용하여 어느 때건 적어도 지름 1미터의 소행성 1개가 지구 궤도를 늘 공전하고 있다는 것을 계산해 냈다. 이런 소행성은 지구 주위를 공전할 때 깔끔한 원형 궤도를 그리는 게 아니라 구불구불한 경로를 그리며 돈다. 그 이유는 지구와 달과 태양의 중력이 소행성을 서로 잡아당기고 있기 때문이다.

달의 어두운 면이 말해주는 것

지구가 과거에 제2의 달을 가지고 있었을 수도 있다. 이것으로 달의 반대쪽 표면에 있는 이상한 지형을 설명할 수 있다. 즉 달이 또 다른 달과 충돌하면서 생긴 흔적이라고 볼 수 있는 것이다. 위성은 나타났다가 사라진다. 화성은 현재 2개의 커다란 위성을 가지고 있으나 그중 하나는 곧장 화성을 향해 가고 있기 때문에 천만 년 후에는 화성과 충돌할 것으로 예상된다. 또한 우리 지구가 미래에 두 번째 큰 위성을 갖게 될 확률도 있다.

천체

CELESTIAL BODIES

지구와 태양계에 대해 얼마나 많이 배웠는지 알아보기 위해
다음의 짧은 퀴즈를 풀어 보라.

Questions

1. 대기가 빛을 어떻게 하는가?

2. 일식은 무엇이 태양의 앞을 지나갈 때 생기는가?

3. 천체가 둥근 모양이 되기 위해서는 크기가 얼마 이상이어야 하나?

4. 태양 표면의 온도는 몇 도인가?

5. 바이외 태피스트리에 기록된 혜성의 이름은 무엇인가?

6. 별똥별은 사실 무엇인가?

7. 명왕성이 위치한 벨트의 이름은 무엇인가?

8. 남반구에서 북극성 역할을 하는 것은 무엇인가?

9. 과거에는 지구의 하루 길이가 얼마였는가?

10. 다음번에 행성이 대략 일렬로 늘어서는 것은 언제인가?

Answers

정답은 211페이지에서 확인하세요.

우주에도 모든 것이 사라지는
종말이 찾아올까?

은하의 모양이 피자랑 닮았다고?

우주에서 가장 큰 것은 수십 억 개의 항성으로 구성된 거대 성단이 모여 있는 은하다. 은하를 보면 경외감을 느낄 수밖에 없다. (물론 고성능 망원경이 있어야 볼 수 있지만 말이다.) 우주에는 엄청나게 다양한 은하가 존재하는데 이들에겐 공통점이 하나 있다. 바로 모양이 납작하다는 것이다. 은하의 모양이 납작한 것은 회전하기 때문이다.

도대체 은하란 무엇인가?

은하는 수십 억 개의 항성, 수조 개의 행성, 수천 개의 블랙홀, 중성자별, 펄서 및 기타 아주 많은 물질로 구성된 게이다. 이 물질은 모두 중력에 의해 묶여 있다. 우주에는 2,000억에서 2조 개에 달하는 은하가 있으며 저마다 크기가 다양하고 지구로부터 최대 30만 광년

(2,735,884,800,000,000,000킬로미터) 떨어져 있다. 우주의 거의 모든 것이 은하 안에 들어 있다. 우리는 행성 사이나 항성 사이의 공간이 텅비었다고 생각하지만 사실 은하 밖과 비교하면 물질로 꽉꽉 채워져 있는 셈이다.

은하는 어떻게 만들어졌을까?

우주의 다른 천체와 마찬가지로 은하는 물질이 서로 잡아당기는 중력의 힘으로 형성된다. 최초의 은하는 오늘날 우리가 보는 은하보다 몇 배나 큰 어마어마한 크기의 가스 구름이었을 것이다. 이런 가스 구름이 수축되면서 항성 및 행성과 기타 모든 것이 형성되었다. 이때 새로 만들어진 항성은 역시 중력에 의해 서로 묶이게 된다. 이렇게 형성되는 천체가 성장하는 동안 많은 물질이 끌려 들어오면서 대부분의 항성이 밀집되고 밝은 팽창부로 보이는 은하의 중심부가 만들어진다. 대부분의 나머지 물질은 중심부 주변을 지나 회전하는 넓은 원반 모양으로 퍼져 나간다. 또한 가벼운 물질로 이루어진 둥근 모양의 성단인 은하를 에워싸는 고립된 별의 '무리halo'도 있다.

우주 속 조용한 소용돌이

은하가 형성되고 물질을 끌어들이면서 은하
는 회전하기 시작한다. 항성이나 행성이 형
성될 때와 마찬가지로 무언가를 자기 쪽으로
잡아당기는 작용으로 회전이 시작된다. 그러
고 나서 주변에 있는 다른 것이 같은 방식으
로 회전하기 시작하다가 물질이 수축하며 커
다란 공 모양을 이루어 회전한다. 이 회전으
로 생긴 구심력은 회전운동과 직각 방향인
면에 있는 물질을 밖으로 밀어낸다. 다시 말
해 항성을 비롯한 대부분의 물질은 안쪽으
로 끌려 들어가는 반면, 특정한 축을 기준으
로 하여 일부 물질은 밖으로 밀려 나가면서
은하의 모양은 마치 요리사가 공중에서 피자
반죽을 회전시킬 때와 같이 납작해진다. 은
하는 고리가 끼워진 행성의 모양이며 은하의
고리 부분은 은하의 중심부보다 크고 암석이
나 얼음이 아닌 수십 억 개의 항성으로 이루
어져 있다.

블랙홀에서는 정말 아무것도 빠져나갈 수 없을까?

블랙홀은 위험하지만 흥미로우며 수백만 개의 모험과 미래 기술 발전을 위한 문을 열어 준다고 말한다. 도대체 블랙홀의 정체는 무엇인가? 이것은 쉬운 질문이 아니다. 기본적으로 블랙홀은 아무것도 빠져나갈 수 없을 정도로 강력한 중력의 인력이 작용하는 거대한 천체라고 말할 수 있다.

블랙홀을 만드는 방법

만약 당신이 어느 정도의 물질에 중력을 작용하면 거대한 가스 덩어리인 목성 같은 것을 만들 수 있다. 당신이 더 많은 물질을 가지고 있다면 항성을 만들 수 있다. 그리고 그 항성이 여러 과정을 거치면 중성자별 (골무 크기의 중성자별은 에베레스트산보다 무겁다) 또는 백색왜성과 같은 초고밀도 항성을 만들 수 있다. 초고밀도 항성은 강한 핵력의 밀어내는 힘과 안으로 잡아당기는 중력의 힘이 균형을 이루는 지점까지 별이 수축한 것이다. 블랙홀을 만들려면 여기에 질량을 좀 더 추가하면 된다.

일정 수준 이상의 질량을 충분히 작은 공간에 압축시키면 물리법칙이 매우 이상해진다. 충분히 큰 질량이 중력으로 인한 수축을 계속하다 보면 마침내 붕괴가 일어나 모든 질량이 한 점에 모이게 된다. 엄청난 중력의 힘을 갖고 있는 지극히 작은 점 하나, 이것이 블랙홀이다.

블랙홀 주변, 사건의 지평선

중력은 우리를 무거운 물체 쪽으로 잡아당기는데 블랙홀은 그 어떤 것보다도 무거운 물체다. 블랙홀의 중력은 너무나 강해서 블랙홀을 탈출하는 것은 불가능하다. 블랙홀 자체는 작은 점에 불과하지만 블랙홀의 주변에는 '사건의 지평선event horizon(블랙홀의 바깥 경계)'이 있다. 이곳에서는 블랙홀의 중력이 너무 강해서 빛조차도 빠져나올 수 없다. 우리가 블랙홀을 본다 해도 블랙홀이 사건의 지평선 안 모든 빛을 삼켜 버리기 때문에 우리 눈에는 어둡고 텅 빈 원만 보인다. 그래서 이름이 '블랙홀'이다.

지평선 너머에서 벌어지는 일

당신이 빛보다 빠른 속도로 날아가는 우주선을 탔다고 가정하자. 당신은 사건의 지평선 안쪽이 궁금해 잠깐 들어가 보기로 한다. 아무 일도 없다. 당신이 보거나 감지할 수 있는 그 어떤 변화도 없다. 지루해지고 아마도 실망해서 당신은 우주선을 되돌려 그곳을 빠져나가려고 한다. 그런데 당신은 오히려 블랙홀 안쪽으로 우주선을 추진시키고 있다! 이것은 블랙홀의 강한 중력이 공간을 휘어 버려서 공간의 모든 방향이 블랙홀 중심을 향하고 있기 때문이다. 이제 당신은 안에 갇혔고 점점 블랙홀에 가까워진다. 블랙홀의 중심에 가까워질수록 당신의 다리에 작용하는 중력이 머리에 작용하는 중력보다 강해지면서 스파게티화라고 부르는 작용으로 인해 당신의 몸은 스파게티 면발처럼 늘어난다.

이 모든 일이 일어나는 데는 시간이 걸린다. 아인슈타인은 공간과 시간이 실제로는 같은 것이며 공간이 뒤죽박죽되면 시간도 그렇게 된다는 것을 증명했다. 사실 당신이 블랙홀의 중심에 가까워질수록 시간은 점점 느려진다. 당신이 창문 밖으로 우주를 바라본다면 우주가 당신보다 상대적으로 빨리 움직이므로 당신 눈앞에서 별이 태어나고 죽어 가는 모습을 볼 수 있다. 이렇게 점점 느려지던 시간은 결국 블랙홀에 도달했을 때 멈춰 버릴지 모른다. (이것은 단지 최선의 추측을 바탕으로 한 시나리오에 불과하다.)

우주에서 가장 뜨거운 곳은 어디일까?

이론상 최대 온도는 플랑크 온도로 1.42×10^{32}K(켈빈)이다. 그러나 어떤 것도 플랑크 온도에 근접하지 못했으며 앞으로도 그럴 것이다. 우주에서 가장 뜨거운 곳은 프랑스와 스위스 국경에 위치한 유럽핵물리입자연구소의 대형강입자가속기Large Hadron Collider : LHC다.

우주에서 가장 뜨거운 것

대형강입자가속기는 입자를 광속까지 가속해 서로 충돌시키는 장치다. 2개의 금 입자를 충돌시키면 불과 몇 분의 1초 동안이지만 온도가 섭씨 2,200,000,000,000도까지 올라간다. 이것은 일반적인 물질이 붕괴하는 지점인 하게도른 온도보다 2배가 높다. 과학자들은 이 사실을 이용하여 대형강입자가속기 내에서 원자를 구성 요소로 분열시켜 관찰한다.

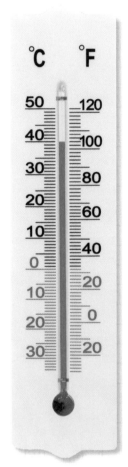

자연에서 가장 뜨거운 것

우주에는 뜨거운 것이 많다. 우리 태양 자체도 온도가 수백만 도까지 올라갈 수 있고 더 큰 항성은 이보다 10배나 더 뜨거울 수 있다. 또한 RXJ1347이라고 불리는 은하단은 서로 충돌하면서 온도가 섭씨 120,000,000도까지 뜨거워진다.

그러나 가장 뜨거운 곳은 초신성의 중심핵이다. 초신성은 항성의 충돌로 발생하는 거대한 폭발이다. 초신성 내의 엄청난 압력은 수천 억 도의 열을 만들어낼 수 있다.

우주에서
가장 차가운 곳은 어디일까?

물체의 가장 낮은 온도는 0켈빈(절대0도, 섭씨 영하 273도)이다. 이런 온도에서는 원자를 비롯한 모든 것이 움직임을 멈춘다. 양자물리학에 따르면 실제로 이 온도에 도달하는 것은 불가능하다. 그렇다면 절대0도에 가장 가까운 온도는 무엇일까? 최저 온도 기록은 콜로라도에 있는 아주 작은 금속 조각이 가지고 있다.

우주에서 가장 차가운 것

2016년 콜로라도 볼더 소재 미국표준기술연구소의 연구자들은 '사이드밴드 냉각sideband cooling'이라는 특수 레이저 기법을 활용하여 (폭이 0.02mm에 불과한) 아주 작은 알루미늄 조각을 0.00036켈빈까지 냉각시켰다.

저온에서는 물리학 법칙을 연구하기가 용이하다. 온도는 물체 내 원자의 움직임을 측정한 것이다. 온도가 낮을수록 움직임이 적어져 예측 불가능한 일이 발생할 확률이 낮아지므로 이런 종류의 저온 연구를 계속할 이유는 충분하다. 이탈리아 그란사소와 영국 랭카스터의 연구진은 이에 앞서 우주에서 가장 낮은 온도에 도달한 기록을 갖고 있으며 미래의 과학자는 이보다 더 낮은 온도를 만들어낼 수 있을지도 모른다.

자연에서 가장 차가운 것

우주에서 자연적으로 발생한 가장 차가운 물체는 부메랑 성운이다. 이 성운의 죽어 가는 중심 별은 몹시 차가운 가스를 뿜어내고 있다. 엄청나게 빠른 속도로 불어나는 가스 때문에 성운이 급속하게 팽창하며 온도가 매우 낮아진다. 그 결과 이곳의 온도는 텅 빈 우주의 온도인 2.7켈빈보다 더 낮은 1켈빈까지 내려간다.

71

암흑물질을
어둡게 만드는 것은 무엇일까?

암흑물질은 우주의 가장 큰 미스터리 중 하나이며 이름 자체도 아직 알아내야 할 게 많은 존재라는 의미를 내포하고 있다. 암흑물질이 이런 이름을 갖게 된 것은 그 어떤 빛도 발산하지 않기 때문이다. 그리고 이것이 우리가 암흑물질에 대해 알고 있는 전부다.

우주 전체를 덮은 거대한 거미줄

우주에는 많은 암흑물질이 존재한다. 사실 암흑물질은 일반 물질보다 5배 이상 더 많다. 그러나 본 적도 없고 정체도 알 수 없는데 암흑물질이 얼마나 많이 있는지는 차치하고 진짜로 있는 건지 어떻게 알 수 있을까?

1933년 과학자 프리츠 츠비키는 수백만 광년 떨어진 은하단에 대한 계산을 하고 있었다. 그는 광도에 근거해 은하단의 질량을 추정했고 이것을 바탕으로 계산했다. 그리고 은하단이 예상보다 빠르게 회전하고 있다는 것을 알아차렸다. 이것을 설명할 수 있는 유일한 방법은 광도에 포함되지 않은 물질이 있으며 그 물질의 양은 관측되는 물질의 40배가 넘는다는 것이었다. 츠비키는 이것을 암흑물질이라고 명명했다. 그 후로 시간이 지나 보이지 않는 물질이 이 멀리 떨어진 은하단에만 있는 게 아니라는 것이 명백해졌다. 모든 은하단이 (회전 속도에 비해서) 질량이 부족했고 이것은 우리 은하의 경우도 마찬가지였다. 이 문제의 해결책이 암흑물질이었다. 은하 가장자리와 은하단에 존재하는 질량을 가진 보이지 않는 물질로 우주 전체에 걸쳐 거대한 거미줄을 형성하고 있는 것이 바로 암흑물질이다.

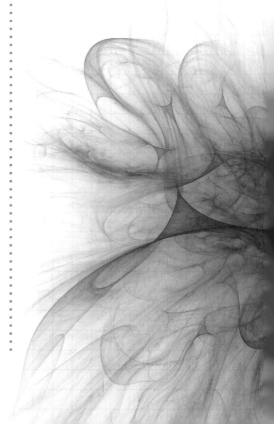

보이지 않지만 무거운 물질

암흑물질의 정체는 아직 모르지만 암흑물질에 대한 많은 이론이 있다. 초기 이론에 따르면 우주에는 우리 생각보다 많은 블랙홀, 항성, 갈색왜성이 존재하는데 이들은 현대 기술로는 볼 수 없지만 모두 질량을 가지고 있다는 것이다. 그러나 아무리 계산해 보아도 이것만으로는 부족한 질량을 메우기에 턱없

우주를 채우고 있는 암흑 에너지

아직 찾지 못한 것이 암흑물질만은 아니다. 우주의 팽창 속도를 계산해 보면 우주의 빈 공간을 미지의 에너지가 채우고 있을지도 모른다는 의문이 생긴다. 이것은 원천을 알 수 없기에 암흑 에너지라고 불리며 전체 우주의 약 70퍼센트를 차지한다. 그러나 현재 과학자들은 암흑 에너지에 대해선 암흑물질보다도 더 아는 게 없다.

이 부족하다. 최근 이론은 암흑물질의 정체가 약하게 상호작용하는 무거운 입자Weakly Interacting Massive Particles : WIMPs일 것이라고 생각한다. 이것은 중력과 약한 핵력(우주의 근본적인 4가지 힘 중 가장 약한 힘)에 의한 상호작용만 하는 소립자로 중성미립자보다도 탐지하기가 어렵다.

좀 더 독특한 이론도 있는데 아주 큰 규모에서는 중력이 우리가 아는 것과 다른 방식으로 작용한다는 주장, 중력이 어쩌면 어딘가 다른 차원에서 오는 것이라는 주장도 있다. 이런 주장을 그냥 무시할 수는 없지만 이를 뒷받침할 확실한 증거는 거의 없다.

우주가 계속 커지고 있다고?

우주는 크다. 정말 크다. 당신은 우주가 얼마나 광활하고 믿기 어려울 만큼 큰지 알 수 없을 것이다. 관측 가능한 우주의 크기는 직경이 무려 460억 광년이지만 실제 우주는 이보다 훨씬 크다.

우주의 크기를 재는 방법

빅뱅 이래 지금까지 우주는 계속 커지고 있다. 대폭발big bang은 정확히 말하면 대팽창big expansion이라고 불러야 한다. 극도로 작은 점에 불과하던 우주가 급속하게 커졌으니 말이다. 우주의 인플레이션기(우주 탄생으로부터 10^{-36} 초 후, 우주는 광속을 훨씬 넘는 속도로 팽창을 시작하여 짧은 시간 사이에 엄청난 크기로 커졌다)에 직경이 1 나노미터(1×10^{-9}m)에 불과하던 우주가 거의 11광년 크기로 팽창하는 데 걸린 시간은 100,000,000,000,000,000,000,000,000,000,000분의 1초(1에 0이 32개 붙는다)에 불과했다. 이런 급격한 팽창 이후에는 팽창 속도가 크게 감소하긴 했지만 우주는 거의 계속 광속으로 팽창했

다. 우주의 나이가 약 138억 년이니까 우주의 중심부터 가장자리까지의 길이는 138광년(여기에 처음 팽창했던 11광년을 더한) 크기라고 보는 것이 합당하며 우주는 양방향으로 팽창했으니까 우주의 전체 지름은 약 276광년이 될 것이다. 그런데 이게 그렇게 간단하지가 않다.

팽창 속도가 빨라지다

1998년 먼 우주의 초신성을 연구하던 두 연구 팀은 우주가 팽창할 뿐만 아니라 팽창 속도도 빨라지고 있다는 것을 알게 되었다. 이것이 상대성 효과라는 것도 명백해졌다. 즉 모든 것은 다른 것으로부터 멀어지고 있는데 천체가 서로 더 멀리 떨어져 있을수록 그 속도가 더 빨라진다는 것이다. 이것 때문에 우리가 관측할 수 있는 한계가 생긴다. 우리로부터 아주 멀리 있는 천체가 우리로부터 더욱 멀어지기 위해 빛보다 빠른 속도로 움직이면 우리는 그 천체를 결코 볼 수 없다. 계산에 따르면 우리가 관측 가능한 우주의 한계는 지구에서부터 460억 광년 거리까지다. 하지만 우주는 계속해서 더 멀리 팽창하고 있을 것이며 이론적으로는 무한대로 커질 수 있다.

우주의 중심에는 무엇이 있을까?

만약 우주가 하나의 점에서 팽창했다면 하나의 질문이 생긴다. 지금 거기에는 무엇이 있을까? 블랙홀? 최초 외계인의 고대 종족? 다소 실망스럽게도 우주의 중심에는 아무것도 없다. 우주에는 중심이 없기 때문이다.

우주의 4차원적 팽창

우주가 하나의 점에서 팽창한 것은 사실이다. 그러나 이것은 폭탄이 폭발한 방식과는 다르다. 우주는 어떤 공간 안에서 팽창한 것이 아니다. 공간 자체가 팽창했다. 우주는 (아마도) 4차원이며 따라서 우주가 팽창했을 때 4차원이 팽창했을 것이고 우리가 보는 3차원 세계의 팽창은 이에 따른 부산물이다. 다시 말해 우주의 팽창으로 모든 것이 다른 것으로부터 멀어지고 있으므로 우주의 중심점이란 없다. 그리고 우주 팽창이 시작된 지점은 4차원의 점이므로 3차원 우주에 살고 있는 우리는 그 시작 지점을 직접 방문할 수도 탐색할 수도 없다.

3차원 사고 문제

인간은 3차원 세계에 살고 있는 3차원적 존재라서 차원의 수를 4차원으로 늘려 생각해 보려고 하면 이해하기 어렵다. 그 대신, 어린이들이 좋아하는 풍선을 예로 들어 저차원 우주를 생각해 보면 도움이 될 것 같다. 풍선 표면에 그려진 2차원 세계를 생각해 보자. 풍선에 그려진 점과 소용돌이는 은하와 다른 물질을 나타낸다. 당신이 풍선에 바람을 넣으면 풍선은 3차원적으로 팽창하지만 동시에 2차원적으로도 팽창한다. 우주에서와 같이 은하는 서로 멀어지고 또한 바깥쪽으로 팽창한다. 그러나 2차원 우주에서는 풍선의 중심에 결코 닿을 수 없다. 마찬가지로 현재 우리 우주의 중심은 오직 4차원에서만 찾을 수 있다.

우주에도 모든 것이 사라지는 종말이 찾아올까?

영원한 것은 아무것도 없다. 우주도 언젠가는 종말을 맞을 것이다. 하지만 과학자들의 추정에 따르면 우주가 죽음을 맞는 일은 수십 억 아니 수조 년 뒤에나 발생한다고 하니 큰 걱정은 할 필요가 없다. 우주가 어떻게, 언제 끝날지는 아무도 모르지만 이와 관련된 여러 이론이 있다.

열죽음Heat Death

빅뱅 이후 우주는 서서히 멈춰 왔다. 엔트로피는 우주의 에너지가 계속해서 흩어져 나간다는 의미다. 열죽음 이론은 결국에 모든 것이 균질하게 흩어져 더 이상 움직이지 않는 상태에 도달할 것이라고 주장한다. 열죽음 상태가 되면 빅뱅에 의해 만들어진 모든 원소가 소진된다. 더 이상 대체할 수 있는 연료가 없어진별은 빛을 잃는다. 은하는 차갑게 식어 비활성물질 덩어리가 될 것이며 블랙홀은 증발하여사라질 것이다. 우주 전체가 아무 일도, 아무변화도 일어나지 않는 물질로 이루어진 죽은바다가 될 것이다.

빅 크런치Big Crunch

우리는 왜, 어떻게 우주가 팽창하는지 모른다. 그렇다면 언젠가 우주는 팽창을 멈추고 수축

할 수도 있다. 빅 크런치는 언젠가 우주가 자체적으로 붕괴되기 시작할 것이라고 가정한다. 서로 멀어지던 은하는 이제 서로를 잡아당긴다. 우주가 점차 작아지면서 은하 간의 충돌이 시작되고 점점 축소되는 우주 안에서 모든 것이 서로 충돌하며 붕괴되어서 마침내 역방향의 빅뱅이 일어나 결국엔 아무것도 남지 않는다. 더 나아가 일부 과학자들은 그 이후에는 새로운 빅뱅이 다시 시작되어서 같은 과정이 반복된다는 '빅 바운스big bounce' 이론도 주장한다.

빅 립Big Rip

우주는 팽창하고 있으며 팽창 속도가 점점 빨라지고 있다. 그리고 어쩌면 계속 이렇게 팽창하다가 우주의 팽창 속도가 너무 빨라져서 아주 작은 공간도 빛의 속도보다 빠르게 팽창하는 상황이 벌어질 수 있다. 관측 가능한 우주의 밖은 매우 빠른 속도로 우리로부터 멀어지는데 이런 상황이 되면 관측 가능한 우주의 크기가 점점 작아질 것이다. 결국 개별 원자와 원자를 구성하는 입자도 서로 흩어지게 되어 마침내 실질적으로 무한한 우주 안에 엄청나

게 작은 우주 조각만이 홀로 남게 된다.

우주가 왜 그리고 어떻게 종말을 맞을지는 불확실한데, 그 이유는 우리가 아직 암흑물질과 암흑 에너지가 미치는 영향에 대해 잘 모르기 때문이다. 따라서 암흑물질과 암흑 에너지에 대해 더 알게 되기 전까지는 확실히 알 수 있는 게 별로 없다.

가짜 진공 이론

보다 이론적인 바탕을 기반으로 한 우주 종말 이론도 있는데 그중 하나가 가짜 진공 이론이다. 이 이론에 따르면 우주 자체가 불안정한 상태이므로 (어떤 이유로 우주의 일부가 준안정 상태에서 안정 상태로 바뀌어) 우주 계 안 모든 물질의 기본적인 배치가 갑자기 달라지면 우주의 모든 것이 한순간에 파괴된다고 한다.

밤하늘에서
가장 밝은 것은 무엇일까?

밤하늘에는 별, 행성, 달 등 빛을 내는 것이 많다. 또한 블랙홀을 감싸고 있는 응축원반(강한 중력으로 잡아당겨지고 끌려 들어가는 별)이나 성운처럼 더 신기한 것도 있다. 하지만 밤하늘에서 가장 빛나는 것은 초신성이다.

초신성은 어떻게 만들어지나

초신성에는 크게 Ia형과 II형이 있다. 두 유형 모두 별 중심핵의 붕괴와 열핵 폭발을 동반한다. 그러나 정확히 어떻게 폭발하느냐는 유형에 따라 다르다. Ia형 초신성은 대개 백색왜성과 적색거성으로 이루어진 쌍성계에서 발생한다. 백색왜성은 적색거성과 상호작용하며 흡혈귀처럼 적색거성의 물질을 빨아들여 점차 무거워진다. 그러다가 질량이 태양의 1.5배인 찬드라세카 한계에 도달하면 핵이 붕괴하면서 초신성 폭발을 일으킨다. 한편, 아주 큰 별

이 붕괴하면 남아 있는 중심핵의 질량은 이미 찬드라세카 한계를 넘을 만큼 충분히 크다. 이 경우가 II형 초신성에 해당한다. II형 초신성은 폭발하는 시점이 일정하지 않기 때문에 폭발의 크기와 밝기가 다양한 반면, Ia형 초신성은 크기와 밝기가 늘 일정하다.

초신성 폭발

초신성은 엄청나게 밝다. 초신성 폭발 때 나오는 에너지는 1초에 10,000,000,000,000,000,000,000,000,000,000개의 원자폭탄이 터지는 것과 같다. 별 하나가 초신성 폭발을 일으키면 초신성이 지속되는 동안은 그 별이 속한 은하 전체에 필적할 만큼 밝게 빛난다. 이 말은 초신성이 수백만 광년 떨어진 머나먼 은하에서 발생하더라도 지구에서 볼 수 있다는 뜻이다. 또한 초신성은 너무 밝아서 완벽하게 제대로 볼 수가 없다. 만약에 당신이 우리 태양의 초신성 폭발과 가장 강력한 수소폭탄이 눈앞에서 폭발하는 것 중 하나를 골라야 한다면, 언제나 폭탄을 골라야 할 것이다. (물론 두말할 필요 없이 어느 것을 선택하든 그 끝이 좋을 리 없지만 말이다.)

별의 방문

역사적으로 초신성의 관측 기록은 오랫동안 존재해 왔다. 고대 중국의 천문학자는 몇 세기에 걸쳐 초신성 관측을 기록했고 애리조나 북미 원주민 부족의 고대 문자는 이들이 중국인보다 먼저 초신성을 관측했음을 보여준다. 많은 문명에서 밤하늘에 잠시 나타나는 이 별을 관측했으며 여기에 많은 종교적 의미를 부여했다. 그러나 1500년대 후반, 새로운 별의 출현을 관측한 튀코 브라헤와 같은 천문학자는 과연 이전에 생각했던 것처럼 천체가 절대 불변의 존재인가에 대해 의문을 품었다.

베텔게우스의 운명

베텔게우스는 밤하늘에서 아홉 번째로 밝은 별이다. 오리온자리에서 오리온의 오른쪽 겨드랑이 부분에 위치하며 비교적 쉽게 볼 수 있는 별이다. 이 별은 태양보다 10억 배 크고 15만 배 밝은 어마어마하게 큰 적색거성이다. 베텔게우스는 곧 초신성이 될 준비가 되어 있다. (이미 초신성이 되었을지도 모르지만 아직 그 빛이 지구에 도달하지는 않았다.) 문제는 천문학에서 어떤 것이 내일 폭발할 수 있다는 말은 백만 년 안에는 폭발한다는 뜻이라는 점이다. 만약에 우리가 살아 있을 때 폭발한다면 2주 정도는 보름달만큼 밝아서 낮에도 관측이 가능하다가 이후에는 영원히 사라질 것이다.

빛이 이동하는 데는 시간이 걸린다. 그래서 우리가 멀리 있는 것을 볼수록 사실 더 먼 과거에서 온 것을 보고 있는 것이다. 머리 위 밤하늘은 오래전에 죽은 별에서 나온 빛으로 가득하다. 그렇다면 우리는 얼마나 오래전의 것을 볼 수 있을까?

CMB

우리가 볼 수 있는 가장 오래된 것은 우주배경복사Cosmic Microwave Background : CMB다. CMB는 우주가 탄생한 지 약 38만 년 후에 발생한 재결합 과정에서 형성되었다. 이때는 우주가 충분히 식었기 때문에 전자와 양성자가 결합하여 최초의 원자를 형성할 수 있었다. 새롭게 형성된 원자는 주변의 에너지를 모두 흡수할 수 없었기 때문에 빛과 같은 전자기파가 우주를 이동하게 되었고 이때 처음으로 우주

가 보이게 되었다. 최초의 CMB는 섭씨 3,037도의 온도에서 광파 형태로 배출되었지만 수십 억 년간 우주의 온도가 내려가 현재 섭씨 영하 270도가 되면서 CMB는 파장이 긴 마이크로파가 되었다. CMB는 우주의 모든 방향에서 균일하며 CMB로 인해 우주가 현재의 온도를 갖게 되었다.

이상한 잡음

20세기 중반에 CMB를 예측한 이론이 있었으나 실제 관측된 것은 1964년이다. 미국의 전파 천문학자는 먼 우주 관찰을 위해 설계된 새로운 기구로 관측을 하던 중 이상한 '잡음'을 들었다. 이 잡음은 그들이 어느 방향으로 망원경을 돌려도 들려왔다. 그들은 기계가 고장 났다고 생각했다. 모든 전선을 확인하고 전기 간섭을 일으킬 만한 모든 원천을 제거하고 심지어 안테나에 자리 잡고 살던 비둘기 가족까지 쫓아낸 후 비둘기 똥도 닦았는데 여전히 잡음은 사라지지 않았다. 마침내 이 잡음을 당시의 최신 이론과 연관 짓게 되었고 그들은 자신들이 빅뱅의 잔향을 발견했음을 깨달았다.

우주학

COSMOLOGY

당신은 우주의 달인인가? 우주에 대해 모두 알고 있는가?
다음의 퀴즈를 풀어서 실력을 증명해 보라.

Questions

1. 은하와 같은 독특한 모양을 갖고 있는 맛있는 음식은 무엇일까?

2. 블랙홀의 경계를 뭐라고 부르는가?

3. 자연적으로 발생하는 가장 뜨거운 온도를 가진 물체는 무엇인가?

4. 텅 빈 우주의 온도는 몇 켈빈인가?

5. 암흑 에너지는 우주의 몇 퍼센트를 차지하는가?

6. 우주의 나이는 얼마나 되었나?

7. 우주는 몇 차원이라고 생각되는가?

8. 우주가 스스로 붕괴할 수 있다는 이론의 명칭은?

9. CMB는 무엇을 의미하는 약자인가?

10. 초신성이 되려면 별의 중심핵이 어떤 한계를 넘어야 하나?

Answers

정답은 212페이지에서 확인하세요.

천둥소리가 들리기 전에 번개가
먼저 보이는 이유는 무엇일까?

정말 추울 때는 눈이 오지 않는다는 게 정말일까?

한 번쯤은 너무 추워서 눈이 안 오겠다는 얘기를 들어본 적 있을 것이다. 애초에 추워야 눈이 오기 때문에 언뜻 직관적으로는 이 말이 이해가 가지 않는다. 사실 이 말은 반은 맞고 반은 틀리다. 아무리 추워도 눈이 올 수는 있지만 기온이 낮아질수록 눈이 내릴 확률도 같이 낮아진다.

눈이 만들어지는 최적의 조건

눈은 대개 기온이 섭씨 0도에서 영하 11도 사이일 때 가장 많이 내린다. 다만 이것은 구름 높이에서 잰 기온을 기준으로 한 것이므로 지표면의 기온은 이것보다 약간 높거나 낮을 수 있다. 공기 중의 수증기는 이 온도에서 얼기 시작해서 눈이 된다. 그런데 대기가 차가울수록 공기가 머금을 수 있는 수증기의 양도 점점 적어진다. 섭씨 영하 20도가 되면 공기 중에 눈을 만들 수 있는 수증기가 거의 남아 있지 않기 때문에 눈이 형성되기가 매우 어렵다. 따라서 너무 추운데도 눈이 오지 않는 것은 기온이 낮기 때문이 아니라 낮은 기온으로 인해서 공기가 건조해지기 때문이다.

같은 모양의 눈송이는 없다

또 한 가지 회자되는 눈에 대한 '사실'은 똑같은 모양의 눈송이는 없다는 것이다. 이게 과연 사실일까? 그렇지 않다. 나타날 수 있는 눈송이 모양의 종류가 엄청나게 많다는 것과 눈보라가 칠 때 눈송이를 실제로 관찰한다면 같은 모양의 눈송이를 두 번 보는 일이 없다는 것은 사실이지만, 이건 어디까지나 확률이 낮다는 것이지 불가능하다는 뜻은 아니다. 실제로 과학자들은 동일한 조건에서 눈송이를 만들었을 때 쌍둥이 눈송이가 여러 개 형성되는 것을 확인함으로써 오래된 이야기가 사실이 아님을 증명했다.

무지개의 끝에는 무엇이 있을까?

황금 항아리를 찾기 위해서건(아일랜드에는 요정 레프리컨이 무지개가 끝나는 지점에 황금 항아리를 숨겨 놓는다는 전설이 있다고 한다) 단순한 호기심에서건, 많은 사람들이 무지개의 끝에 가기 위해 무지개를 쫓아다녔다. 그러나 슬프게도 성공한 사람은 아무도 없다. 무지개는 실재하는 것이 아니라 착시 현상이므로 무지개 끝에 가는 것은 불가능하다.

무지개는 어떻게 만들어지나

(태양 빛과 같은) 백색광은 여러 색깔의 빛이 합쳐진 것이다. 백색광이 프리즘과 같이 형체가 있는 투명한 물체를 통과하면 여러 가지 색 빛으로 갈라지게 된다.

무지개는 당신이 태양을 등지고 서 있는 상태에서 앞쪽에 물방울(예를 들어 빗방울이나 호스에서 뿜어져 나오는 물)이 있을 때 나타난다. 태양 빛이 물방울을 통과하면서 여러 가지 색의 빛으로 갈라지기 때문이다. 그러나 당신 눈에는 물방울 하나당 한 가지 색깔의 빛만이 도달한다. 빛은 갈라질 때 여러 방향으로 퍼지기 때문에 각각의

물방울 위치에 따라 어떤 색의 빛이 당신 눈에 보일지가 결정된다. 공기 중에 수백만 개의 물방울이 동시에 떠 있으면 여러 물방울에서 나오는 여러 색깔의 빛이 마치 점으로 찍어 그린 그림처럼 한데 합쳐져 무지개를 형성한다.

무지개 너머 어딘가에

무지개란 빛의 반사로 나타나는 현상이므로 당신이 움직이면 (제자리에서 움직이지 않고 있는) 빗방울은 다른 색의 빛을 반사하므로 마치 무지개도 움직이는 것처럼 보인다. 무지개는 물체가 아니므로 개인마다 보이는 무지개의 모습은 조금씩 다르다. 당신이 원한다면 시도해 볼 수는 있겠지만 결코 무지개 끝에 닿지는 못할 것이다.

허리케인은
왜 소용돌이치면서 움직일까?

허리케인은 넓은 지역을 초토화할 수 있는 거대하고 파괴적인 폭풍이다. 허리케인의 위성 촬영 영상을 보면 허리케인이 회전한다는 것을 알 수 있다. 허리케인(남태평양과 인도양에서 형성될 때는 사이클론, 북서태평양에서 형성될 때는 태풍이라고 불린다)의 회전은 코리올리 효과 때문이다.

코리올리 효과

코리올리 효과를 이해하려면 농구공을 떠올려 보자. 농구공에 2개의 스티커를 붙인다고 상상해 보라. 파란 것은 공의 중간에, 빨간 것은 공의 맨 윗면에 붙인 후 공의 바닥 면을 손가락 끝에 대고 프로선수처럼 공을 회전시켜

보자. 공이 손가락 위에서 1초에 한 바퀴씩 회전한다고 가정하자. 공의 윗면에 붙인 빨간 스티커는 꽤나 느리게 회전할 것이다. 그러나 공의 중간에 붙어 있는 파란 스티커는 더 먼 거리를 이동해야 하므로 훨씬 빠르게 움직일 것이다. 이것이 코리올리 효과의 기초다. (농구공이나 지구처럼) 회전하는 고체 위의 서로 다른 부분은 서로 다른 속도로 회전한다.

지구가 자전할 때 공기는 자연스럽게 한 방향으로 움직인다. 농구공과 마찬가지로 지구의 극지방보다 적도가 더 빨리 움직인다. 이것은 적도 위의 공기 역시 더 빠르게 움직인다는 것을 의미한다. 이 속도 차이 때문에 북극에서

적도를 향해 공기를 뚫고 직선으로 내려오는 물체는 이동 경로가 오른쪽(서쪽)으로 휘어진다. 만약 적도에서 남극으로 올라가는 물체라면 왼쪽으로(역시 서쪽으로) 방향이 구부러질 것이다. 이로 인하여 지구의 북반구에서는 시계 방향으로 휘고, 남반구에는 반시계 방향으로 휘게 된다.

회전하는 허리케인

허리케인은 매우 넓은 지역에 걸친 공기에 형성된 저기압으로 그 안에서 구름과 기류가 만들어진다. 적도에서 태양열로 바다가 뜨거워지면 많은 양의 물이 증발하여 일차적인 구름을 형성한다. 바닷물의 증발로 인해 계속해서 따뜻하고 습한 공기가 위로 올라가 구름이 형성되고 이동하면 지속적으로 뇌우가 발생한다. 허리케인은 규모가 워낙 크고 또한 처음에는 속도도 느리기 때문에 코리올리 효과의 영향을 받는다. 그래서 적도에서 이동하면서 회전을 하게 되고 시속 120킬로미터 이상의 빠른 풍속을 갖게 된다. 허리케인의 회전 방향은 어느 반구에 위치하는가에 따라 결정된다. 만약 허리케인이 육지에 상륙하면 빠른 풍속으로 인해 막대한 피해와 함께 엄청난 양의 비를 내리게 되며, 허리케인이 바닷물을 육지로 밀어내는 것이 원인이 되어 '폭풍해일'이 발생할 수 있다.

변기 물은 어느 쪽으로 회전할까?

오래된 도시 전설에 따르면 변기 물을 내리면 코리올리 효과 때문에 당신이 있는 곳이 어느 반구인가에 따라 변기 속의 물이 시계 혹은 반시계 방향으로 회전한다고 한다. 그러나 이것은 사실이 아니다. 변기 물의 양은 너무 적기 때문에 지구의 자전이 아니라 변기의 모양이 회전 방향을 결정한다.

바람에 불길을 더하면
화염 회오리가 된다고?

화염 소용돌이(보다 정확히 말하면 화염 회오리)는 회전하는 높은 불기둥으로 매혹적인 만큼 매우 위험하다. 대부분 자연발화 또는 다른 원인으로 발생하는 산불 같은 큰 화재에서 생긴다. 화염 회오리는 바람이 합쳐지면서 불길의 온도가 높아지며 불이 치솟아 오를 때 형성된다.

회오리바람에서 화염 회오리로

회오리바람은 간단히 말해 회전하는 공기기둥이다. 정상적인 바람 패턴이 기온의 급격한 변화 또는 지표의 높이 변화에 의해 방해를 받게 되면 회전하는 공기기둥이 형성되어 정상적인 바람과 함께 이동한다. 이런 공기기둥은 언제 어디서나 형성될 수 있다. 화염 회오리는 회오리바람과 같은 방식으로 시작되지만 불에서 에너지를 얻으므로 지표면 쪽의 공기가 더욱 불안정하다는 점이 회오리 형성을 돕는다. 공기기둥은 기둥 안의 불길을 위로 끌어올린다. 화염 회오리의 높이는 대개 9~48미터 정도지만 때로는 800미터 이상 치솟기도 한다.

치명적인 소용돌이

화염 회오리의 온도는 섭씨 982도 이상 올라갈 수 있으며 회오리 내부의 풍속은 시속 145킬로미터가 넘을 수 있다. 땅 위를 이동하면서 불길을 퍼트리고 불에 탄 물체의 잔해는 주변 수 킬로미터에 걸쳐 쏟아져 내린다. 1923년 일본 간토 지역에서 큰 지진이 난 후 대형 화염 회오리가 발생하여 수많은 화재를 일으켰다. 이 화염 회오리는 15분 만에 사라졌지만 수천 명의 목숨을 앗아 갔다.

천둥소리가 들리기 전에
번개가 먼저 보이는 이유는 무엇일까?

뇌우는 흥미진진하면서도 무섭다. 눈부신 섬광 뒤에 귀청이 터질 듯 요란한 천둥이 따라오니 말이다. (이것이 바로 내 머리 위에서 일어나지 않는 한) 순서는 늘 이렇다. 도대체 왜일까? 그것은 공기 중에 움직이는 소리와 빛의 속도 차이 때문이다.

빛이 먼저 …

낙뢰는 당신이 금속 물체를 만졌을 때 찌릿함을 느끼게 하는 정전기 불꽃과 근본적으로 다르지 않다. 먹구름 안에는 수많은 얼음 입자가 있고 이들이 서로 부딪치면서 정전기를 만든다. 이것이 모이면 엄청난 양의 전기가 충전된다. 구름의 윗부분은 양전하로 대전되고 아랫부분은 음전하로 대전된다. 이 전기는 대부분 구름과 구름 사이에서 방전되는 판번개가 되지만 충분한 전하가 모이게 되면 공기의 자연적인 경계를 넘어서서 방전되며 낙뢰가 된다. 낙뢰의 온도는 섭씨 27,200도가 넘으며 10억 줄(J)의 에너지를 가지고 있다. 일반 가정집에 열흘 간 전기를 공급하기에 충분한 양이다. 빛은 1초에 약 30만 킬로미터를 이동하므로 섬광은 거의 즉각적으로 눈에 보인다.

… 그 후에 소리

천둥은 번개가 만들어내는 소리다. 번개가 칠 때 공기가 갑자기 가열되면서 그 주변의 공기가 팽창하고 그 결과 고속 비행체가 내는 음속폭음sonic booms과 비슷하게 큰 소리를 내는 충격파가 발생한다. 소리의 이동속도는 빛에 비하면 매우 느려서 1초에 약 340미터를 이동한다.

초 세기

초 세기를 통해 뇌우가 얼마나 멀리 있는지 알 수 있다. 번개 불빛과 천둥소리 사이의 간격이 5초일 때 뇌우는 1.6킬로미터 떨어져 있다. 그 간격이 10초라면 3.2킬로미터 떨어져 있다는 것을 의미한다.

밤하늘의 신비, 오로라가 방사선 때문에 생기는 것이라고?

세상에는 아름다운 볼거리가 많지만 그중 단연코 으뜸은 오로라라고 불리는 북극광이다. 물결처럼 흔들리는 온갖 빛깔의 리본으로 만들어진 커튼이 춤을 추며 밤하늘을 밝히는 모습은 너무나도 매혹적이다. 북극광은 태양 방사선이 지구 대기와 충돌하면서 만들어진다.

오로라 보레알리스

오로라는 로마의 새벽 여신이며 보레알리스는 '북쪽'을 뜻하는 라틴어다. 따라서 이 이름의 문자 그대로의 뜻은 '북쪽의 새벽빛'이다. 그러나 북극광은 새벽에만 나타나는 것이 아니다. 태양은 무수한 입자를 우주로 방출하는데 그 일부가 지구까지 도달한다. 이들 입자는 지구 대기와 충돌할 때 대기를 구성하는 다양한 기체의 원자와 부딪친다. 이런 충돌로 인해 원자에서 색을 띤 빛이 방출된다. 이런 일이 동시다발적으로 발생할 때 오로라가 형성된다. 오로라에서 가장 많이 보이는 색은 초록색인데, 왜냐하면 대기에서 가장 흔한 기체인 질소가 방출하는 색이기 때문이다. 산소는 붉은 빛을 때로는 파란빛을 방출한다. 또한 북극광은 눈에 보이지 않는 다양한 자외선과 적외선도 방출한다.

왜 하필 북쪽 하늘일까?

북극광은 (이름에서 알 수 있듯이) 지구의 북극 지역에서만 볼 수 있다. 그 이유는 태양풍이 전자기를 띠고 있어서 지구자기장에 의해 북극 쪽으로 당겨진 후, 대기 안쪽으로 끌려 들어오기 때문이다. 그렇지만 태양풍이 강하면 오로라를 남쪽에서도 볼 수 있다.

남극광(오로라 오스트랄리스)도 존재하는데 북극광과 똑같은 방식으로 만들어진다. 다만 남극광은 멀리 떨어진 남쪽에서만 나타나므로 흔히 볼 수가 없다. 북극광은 사람이 사는 매우 넓은 지역에서 발생하는 반면, 남극광은 매우 규모가 큰 태양풍이 발생하는 경우에도 남오스트레일리아와 뉴질랜드 일부 지역에서만 볼 수 있다.

왜 로켓 발사 후에는 항상 비가 올까?

로켓 발사는 인류의 과학적 성취를 가장 잘 보여주는 증거 중 하나다. 그런데 여기에는 작은 미스터리가 있다. 로켓은 늘 맑은 날씨일 때 발사하는데 발사한 지 1시간 정도가 지나면 비가 온다는 것이다. 이 비는 로켓 연료의 연소 때문에 내린다.

3··· 2··· 1··· 발사!

로켓이 우주까지 가려면 지구 대기권을 벗어나야 하는데 중력을 벗어나는 것은 많은 에너지가 필요한 어려운 일이다. 휘발유를 태워서는 거기까지 갈 수 없기 때문에 로켓은 훨씬 큰 추진력을 내는 수소와 산소 혼합물을 사용한다. 이렇게 수소와 산소가 함께 연소되면 엄청난 양의 수증기가 형성된다. (로켓 추진체에서 나오는 하얀 기체가 바로 이 수증기다. 그래서 연기라기보다는 스팀에 가깝다.) 이 수증기가 응결되어 구름이 되기 때문에 발사 후 1시간 정도가 지나면 비가 오는 것이다.

비를 만드는 건 어렵다

물밖에 없다면 비를 만들 수 없다. 물 분자끼리의 응집력은 별로 강하지 않으므로 공기가 너무 깨끗하면 절대 비가 오지 않는다. 빗방울은 공기 중에 있는 먼지 같은 입자에 물이 달라붙어 응결되어 만들어진다. 중심 입자(응결핵이라 부름) 주위에 물방울이 형성되기 시작하면 다른 물 분자가 점점 더 달라붙어서 완전히 응결된다. 이런 방울이 많이 모여서 구름을 만들고 구름에 물이 아주 많이 축적되면 무거워져서 공기 중에 떠 있지 못하고 비가 되어 떨어진다.

155

정말 나비의 날갯짓 때문에 토네이도가 발생할 수 있을까?

브라질에 있는 나비가 날개를 한 번 퍼덕이면 많은 시간이 흐른 후 텍사스에서는 토네이도가 발생한다는 말이 있다. 이 말은 정말 사실일까? 글쎄, 그렇기도 하고 아니기도 하지만 대개의 경우 그 답은 '아니오'다.

혼돈이론(카오스 이론)

에드워드 로렌즈는 혼돈이론의 창시자다. 그는 통계학적 일기예보 모델을 개발하고 있었는데 수치를 해석하는 데 어려움을 겪었다. 그러던 중 그는 모델의 초기조건에 아주 작고 중요해 보이지 않는 변화를 주었는데 결과가 엄청나게 달라진다는 것을 발견했다. 이 개념을 설명한 것이 나비효과다.

우리는 세상이 단순한 인과관계로 이루어져 있어서 컴퓨터의 도움이 있으면 정확히 무슨 일이 일어나는지, 그리고 무슨 일이 벌어질지 정확히 예측할 수 있다고 생각한다. 혼돈이론은 여기에 복잡성을 더한다. 혼돈이론은 작은 변화가 큰 결과의 차이를 가져오는 모든 계system에 존재한다. 날씨도 그중 하나다. 그러니 일기예보가 왜 이렇게 자주 틀리는지 알 수 있다.

혼돈 행동은 물리 세계에서 매우 일반적이며 물리학, 화학, 생물학, 수학 분야에 걸쳐 있다. 시간이 지나 컴퓨터의 연산 능력이 높아지면 혼돈이론은 단지 어려운 수학이 될지도 모른다. 그러나 적어도 현재의 혼돈이론은 우주의 많은 것이 본질적으로 예측 불가능하다는 것이다.

나비의 토네이도

나비효과 이론은 나비의 날갯짓으로 발생한 기압 변화가 오랜 시간 복잡한 연쇄반응을 일으켜 결국 토네이도가 발생할 수 있다고 제안한다. 그러나 이 연쇄반응은 시간이 오래 걸리고 너무 많은 다른 요소의 영향을 받아 매우 복잡하므로 불과 작은 날갯짓 때문에 발생했다고 말하기는 어렵다.

날씨

당신이 날씨나 기상학에 관심이 많다면
다음의 짧은 퀴즈를 풀어 보라.

Questions

1. 눈이 내릴 확률이 가장 높은 온도는 몇 도인가?

2. 빛이 무엇을 통과해 반사될 때 무지개가 만들어지는가?

3. 남반구에서 허리케인은 어느 방향으로 회전할까?

4. 화염 소용돌이의 높이는 대개 어느 정도인가?

5. 번개가 치고 9초 후에 천둥소리가 들렸다면 뇌우는 얼마나 멀리 있나?

6. 오로라의 초록색은 어느 원소 때문인가?

7. 로켓이 추진력을 얻기 위해 연료로 태우는 것은?

8. 나비효과를 뒷받침하는 과학 이론의 이름은 무엇인가?

9. 폭풍해일은 어떤 기상 현상을 말하는가?

10. 남극광의 과학적 명칭은 무엇인가?

Answers

정답은 212페이지에서 확인하세요.

물질

왜 문손잡이를 잡으면
정전기가 튀는 것일까?

왜 물질은 저마다
다른 온도에서 녹을까?

거의 모든 것은 녹는다. 하지만 물질이 녹는 온도는 물질마다 전부 다르다. 예컨대 부엌 조리대에 놓아둔 아이스크림은 녹아서 액체로 변하지만 그 옆에 있는 숟가락은 그렇지 않다. 왜냐하면 고체는 원자 결합이 깨질 정도로 충분한 열을 받아야만 녹는데 물질마다 결합의 형태와 강도가 다르므로 그 결합을 깨는 데 필요한 온도도 모두 다르다.

강한 결합과 약한 결합

결합에는 많은 유형이 있다. 어떤 결합은 극성을 띠고 있는 원자나 분자가 마치 작은 자석처럼 서로 끌어당기는 힘 때문에 발생한다. 또한 원자가 전자를 함께 공유할 때나 전자를 잃거나 얻어서 (자석의 양쪽 끝처럼) 서로 반대가 되는 성질의 전하를 띠게 될 때 결합이 생성되기도 한다.

물론 결합의 형태뿐만 아니라 결합하고 있는 원자의 종류에 따른 차이도 크다. 크고 밀도가 높은 원자는 대개 약하게 결합하지만 하나 이상의 결합 형태를 가지는 경우가 많다.

원자가 결합하면 분자가 형성되고 이 분자는 다른 분자와 결합한다. 물질을 녹이기 위해서는 이런 수많은 결합이 깨져야 한다.

극단적 결합

녹는점이 가장 높다고 알려진 물질은 탄탈 하프늄 탄화물(Ta_4HfC_5)로 무려 섭씨 3,422도가 되어야 녹는다. 반면에 녹는점이 가장 낮은 헬륨은 절대0도보다 겨우 1도 정도 높은 섭씨 영하 272도에서 녹는다.

금속은 전기가 통하는데
왜 나무는 안 통할까?

전기회로를 만들거나 전기 부품을 가지고 놀았던 경험이 있다면 어떤 물질은 전기를 전도하지만 나무 같은 물질은 전기를 전도할 수 없다는 것을 알고 있을 것이다. 이러한 차이는 물질이 가진 전기저항과 자유전자의 양에 따라 결정된다.

전기저항의 방해를 받다

전기란, 전선과 같은 특정한 계를 통과하는 전자의 흐름이다. 그러나 전기는 저항에 의해 방해를 받는다. 물질을 통과하는 전자를 울창한 숲을 달려서 이동하는 달리기 선수의 집단이라고 생각해 보자. 숲속에 나무가 빽빽하게 자라는 곳과 듬성듬성 자라는 곳이 있는 것처럼 물질도 저항이 높거나 낮은 것이 있다. 달리기 선수가 나무 때문에 속도를 늦추거나 심지어 충돌할 수도 있듯이 저항은 전자가 빠르게 지나가는 것을 어렵게 만든다.

자유전자의 정체

금속은 금속결합이라고 알려진 특수한 형태의 결합을 갖고 있다. (이것이 금속을 금속답게 만드는 것이다.) 금속결합의 결과 중 하나는 금속 원자의 가장 바깥에 있는 전자가 개별 원자와 결합하지 않고 금속 물질 전체와 결합하는 것이다. 그래서 금속에 전압을 주면 바깥껍질전자가 이동하면서 전류를 쉽게 운반해 준다.

다른 금속, 다른 흐름

모든 금속이 동일한 전도율을 갖고 있지는 않다. 금속의 내부 구조, 저항의 크기, 금속원소별로 갖고 있는 바깥껍질전자의 수가 다르기 때문이다. 모든 금속은 전기를 전도할 수 있지만 금이나 구리와 같은 금속은 알루미늄이나 티타늄 같은 금속보다 전도율이 좋다.

핵폐기물 처리하는 데
수천 년이 걸린다고?

핵분열은 많은 연료를 사용하지 않아도 거대한 양의 에너지를 생산할 수 있기 때문에 에너지 위기의 해결책처럼 보일 수 있다. 하지만 문제는 핵분열로 생성된 폐기물에는 위험할 정도로 방사능이 많고 그 방사능은 수천 년간 남아 있다는 점이다.

반감기란 무엇인가

만약 당신이 2,000개의 방사성 우라늄 원자가 들어 있는 방사성 물질을 갖게 된다면 이 물질은 자연 상태에서 일정한 시간이 지나면 방사선을 배출하면서 붕괴되어 비활성화된다. 이런 현상이 발생하는 이유는 복잡한 양자효과 때문인데 그 패턴이 매우 흥미롭다. 반감기로 알려진 일정한 시간이 지나면 물질

속 원자의 절반가량이 붕괴된다. 우라늄의 경우 1,000개의 방사성 원자만 남을 것이다. 다시 같은 시간이 지나면 남아 있는 원자의 절반이 붕괴되어 500개만 남을 것이다. 다시 또 다른 반감기가 지나면 250개가 남고 이런 식으로 계속 방사성 원자의 수가 줄어든다.

왜 이런 일이 일어나는지 알아내는 건 어렵지만 이것은 반감기마다 모든 원자가 동전 던지기를 하는 것과 비슷하다고 볼 수 있다. 반감기마다 각각의 원자가 붕괴할 확률은 50 대 50이기 때문에 이 중 대략 절반이 붕괴한다. 이러한 반감기 효과가 갖는 의미는 핵 물질의 방사능은 시간이 지나면서 점차 약해지지만 인간 곁에 있어도 안전할 정도가 되기까지는 매우 많은 시간이 걸린다는 것이다.

핵폐기물의 붕괴 속도

핵 물질마다 붕괴 속도가 다르다. 의학적 용도로 사용되는 핵 물질은 반감기가 불과 몇 분에 불과하지만 원자력발전소에서 나오는 것은 반감기가 훨씬 길다. 우라늄 핵분열은 30년의 반감기를 가지고 있는 세슘-137과 스트론튬-90 등의 원소를 생성하며, 플루토늄 핵분열은 24,000년의 반감기를 가지고 있는 플루토늄-239를 생성한다!

핵폐기물 처리의 문제점 중 하나는 어떻게 하면 지금뿐만 아니라 미래에도 안전하게 보관하는가이다. 대부분의 핵폐기물은 밀폐된 지하 창고에 저장되어 있지만 1만 년 후에 이 저장소에 대한 모든 정보가 소실되거나 혹은 말하고 쓰는 언어가 아예 없어지거나 심지어 방사선이 무엇인지에 대한 지식이 사라질 수도 있지 않은가! 그렇다면 어떻게 해야 이 저장소가 위험하다는 사실을 미래 세대에 전달할 수 있을까?

가장 흥미로운 제안 중 하나는 유전적으로 조작된 '광선 고양이'를 만들자는 것이다. 이 고양이는 평범한 고양이와 똑같지만 방사능이 존재하는 곳에서는 색이 변하거나 빛을 낸다. 이렇게 하면 고양이의 색이 변했을 때는 즉시 그곳을 떠나야 한다는 전설이 생기지 않을까? 비록 미래에 인간의 언어가 바뀔지라도 고양이가 빛을 내면 그곳을 떠나야 한다는 지식을 후손에게 전하면 미래의 지구인을 안전하게 지킬 수 있을 것이다.

왜 문손잡이를 잡으면 정전기가 튀는 것일까?

문을 열려고 손잡이에 손을 댔을 때 갑자기 따끔한 전기 충격이 오는 일은 흔히 겪는 문제다. 이런 문제는 계단 난간이나 머리빗 등 하루에도 여러 번 겪는다. 다행히 이런 전기 충격은 순식간에 지나간다. 이런 물체가 당신에게 전기 충격을 주는 이유는 정전기가 축적되어 있기 때문이다.

전기 충격을 일으키는 정전기 효과

단순하게 말해서 전기란 한 곳에서 다른 곳으로 이동하는 전자의 흐름이다. 전기회로에서는 건전지가 전자를 밀어 회로 장치 안을 돌아다니게 만들지만 자연 상태에서도 전기가 전기 충격의 형태로 발생할 수 있다.

전기 충격의 원인은 정전기인데 정전기는 한 장소에 전하가 축적된 것이다. 이것은 전자가 너무 많거나 적을 때 발생할 수 있다. 그리고 이 정전기 에너지는 다른 물체와 접촉할 때 방출된다. 이때 많은 양의 전자가 빠르게 흡수되거나 방출되면서 전기가 흐르고 그 결과 전기 충격이 오는 것이다.

금속과 접촉할 때 전자는

당신이 느끼지는 못하지만 당신과 주변 환경 사이에는 전자의 이동으로 인해 계속해서 눈에 띄지 않는 작은 충격이 존재한다. 그런데 왜 가끔 이 충격을 느낄 수 있게 되는 걸까? 당신이 충격을 느낄 수 있을 정도가 되려면 아주 많은 양의 정전기가 쌓여야 한다. 정전기는 흔히 두 물체가 마찰될 때 물체에서 전자

가 떨어져 나가면서 만들어진다.

우리가 움직이면서 몸과 옷이 마찰을 일으키거나 발을 끌며 카펫 위를 걸어갈 때 우리 몸은 정전기를 만든다. 그리고 마침내 우리 몸이 전자가 아주 빠르게 돌아다닐 수 있는 금속 물체에 닿을 때 따끔한 전기 충격이 발생한다. 대개 문손잡이를 만졌을 때 이런 일이 발생하는데, 신발의 고무 밑창 때문에 전하가 우리 몸과 바닥 사이에서는 이동하지 못하기 때문이다. 그래서 전기 충격은 우리가 손으로 금속을 만졌을 때 주로 일어난다. 만약 당신이 유독 전기 충격을 많이 경험한다면 (모피와 같이) 정전기가 발생하기 쉬운 소재로 된 옷은 입지 않는 게 좋다.

머리털이 곤두서는 경험

밴더그래프 정전 발전기(Van de Graaff Electrostatic Generator, 핵물리 연구에 사용되는 발전기 개발에 공헌한 미국 물리학자 로버트 J. 밴더그래프의 이름을 딴 정전기 발전기로 절연성이 좋은 벨트로 전기를 차례차례 전극에 운반하여 고전압을 만든다)에 손을 올리면 당신의 머리카락이 곤두서기 시작한다. 왜냐하면 장치 내부의 벨트가 금속과 마찰하여 전자를 뺏어 구형의 금속 덮개가 양전하를 띠기 때문이다. 당신이 거기에 손을 대면 당신 몸의 전자가 장치로 흘러가기 때문에 당신의 몸 또한 양전하를 띠게 된다. 다시 말해 당신의 머리카락도 정전기 때문에 전하를 띠게 된다. 이러한 정전기는 모두 양전하를 띤다. 그래서 마치 자석의 같은 극끼리 서로 밀어내듯 각각의 머리카락은 서로를 밀어내 마침내 거꾸로 서게 된다.

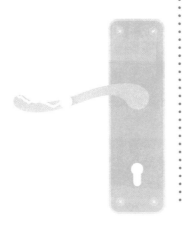

자기부상열차는 달리는 걸까 나는 걸까?

부상열차floating train라고 하면 공상과학영화에나 나오는 말도 안 되는 얘기라고 생각할지 모르지만 이것은 이미 오늘날 지구에 존재한다! 1960년부터 독일, 한국 그리고 일본에서 다양한 부상열차를 만들었다. 이 기차는 자석의 반발력을 이용해 공중에 뜬다.

세계 유일의 자기부상열차

많은 자기부상열차가 있었지만 대개 수명이 길지 않아서 주로 박람회나 단거리 운행에만 사용됐다. 오늘날 유일하게 상용화되어 운행 중인 것은 한국 인천국제공항 구역 내에서 셔틀처럼 운행하는 인천국제공항 자기부상열차

뿐이다. 인천국제공항 자기부상열차와 그 이전에 발명된 모든 자기부상열차는 자기부상 시스템을 사용하여 공중에 뜬다. 이 장치는 철로를 감싸고 있는 열차 밑면에 설치되어 있다. 열차는 정교하게 제어되는 전자기석을 이용해 철로와 동일한 전하를 띠는 자기장을 생성하여 철로 위에 뜬 채로 운행한다.

열차를 띄우는 몇 가지 이유

부상열차는 여러 가지 장점이 있다. 가장 명백한 장점 중 하나는 열차가 선로에 닿지 않기 때문에 마찰이 없다는 점이다. 이것은 부상열차가 일반 열차보다 훨씬 빠른 속도로 움직일

수 있다는 것을 의미한다. 또한 일반 열차보다 더 가볍게 만들 수 있고 선로에 많은 압박을 주지 않아 선로 유지 보수 비용이 절감된다. 또한 자기부상열차는 전기만 사용하도록 만들 수 있다. 자기부상열차는 회전하는 바퀴가 없다. 대신 자기력을 이용해 앞으로 움직이는 추진력을 얻는다. 이것은 가솔린이나 디젤엔진보다 전기로 하는 게 훨씬 쉽다. 따라서 부상열차는 환경친화적이며 비용을 절감한다.

미래형 초전도 부상열차

일본의 주오 신칸센과 같은 미래의 부상열차는 초전도체 성질을 이용할 것이다. 초전도체는 섭씨 영하 200도 이하의 아주 낮은 온도로 냉각되면 전기저항이 사라지는 아주 특별한 물질이다. 초전도체가 냉각되어 초전도상태가 되면 마이스너 효과Meissner Effect로 알려진 속성을 띠게 되어 자기장을 고정시킨다. 이것은 초전도체 위에 자석을 두고 초전도체를 초전도상태가 될 때까지 냉각시키면 초전도체가 차갑게 유지되는 한 자석은 계속 공중에 떠 있게 된다는 것이다.

실온 초전도체를 찾기 위한 경쟁

부상열차 기술에서 초전도체의 역할은 매우 흥미롭고 유용하지만 더욱 흥미로운 것은 전기저항이 0이 되는 성질이다. 이 성질을 활용하면 현재의 기술적 문제점을 해결하여 더 빠르고 과열되지 않는 성능 좋은 전자 제품을 만들 수 있다. 또한 송전 시 전력손실을 줄여 필요한 전력 생산량을 줄일 수 있다. 또한 MRI 등의 의료 기구에 사용하거나 유럽원자핵 공동연구소(Conseil Européen pour la Recherche Nucléaire : CERN)의 거대 입자가속기와 같은 다양한 과학 실험에 활용할 수 있다. 초전도체의 중요한 문제점은 알려진 모든 초전도체는 온도를 아주 차갑게 유지해야 한다는 것이다. 그래서 '실온 초전도체'를 찾기 위한 경쟁이 시작되었다. 만약 실온 초전도체가 발견된다면 세상에 대변혁을 불러올 것이다.

공장에서도 다이아몬드를 만들 수 있다고?

당신은 다이아몬드가 희귀하고 소중하다고 생각할지도 모른다. 세상의 중심부에서 만들어진 마법의 돌이라고 말이다. 하지만 다이아몬드는 단지 특별한 배열을 갖고 있는 탄소 원자일 뿐, 생각보다 쉽게 실험실에서 만들어낼 수 있다.

단지 탄소의 재배열?

탄소 원소의 경우 각 원자가 4개의 화학결합을 할 수 있다. 여러 가지 결합이 가능하기 때문에 원자가 배열되는 방식도 여러 가지다. 사람의 몸은 주로 탄소로 구성되어 있지만 인체를 구성하는 탄소 분자 배열은 석탄을 이루는 탄소 분자 배열과 매우 다르다. 탄소가 또 다르게 배열되면 연필에 쓰이는 흑연이 된다. 흑연의 한 층을 그래핀이라 부르는데 그래핀 역시 독자적인 물질이다.

다이아몬드는 탄소의 또 다른 배열에 불과하다. 다이아몬드는 사면체 모양으로 배열된 탄소 원자로 구성되어 있다. 이 사면체는 우리가 다이아몬드라고 알고 있는 아주 단단한 결정 구조를 생성한다.

다이아몬드를 만드는 방법

자연 상태의 다이아몬드는 지각 내 탄소가 고온 고압에 노출되었을 때 만들어진다. 산업 장비를 이용해 엄청난 압력을 가해 원자의 배열 형태를 갖추고, 매우 높은 온도로 가장 단단한 다이아몬드 결합을 제외한 모든 것을 태워버린다면 인조 다이아몬드를 생성할 수 있다.

인조 다이아몬드는 천연 다이아몬드와 기능적으로 동일하지만 생산비용을 줄이기 위해 보통 아주 작게 만든다. 인조 다이아몬드는 견고함을 필요로 하는 연장이나 일부 전자 장치에 사용된다. 어떤 것은 심지어 보석으로 팔리기도 한다.

왜 따뜻해지면 사물은 팽창할까?

우리는 직감적으로 사물이 뜨거워지면 부풀어 오른다는 사실을 알고 있다. 문틀도 꽉 끼게 되고 길바닥도 갈라진다. 다리를 만들 때도 이 같은 현상을 감안하여 만들어야 한다. 하지만 왜 이렇게 되는지 그 이유를 정확하게 알고 있는 사람은 많지 않다. 정답부터 얘기하자면 열을 가할 때 사물이 커지는 이유는 에너지가 많아지기 때문이다.

에너지가 많을 때 사물이 커진다

온도는 어떤 사물 내의 원자가 얼마나 빨리 움직이는지를 측정한 것이다. 물건이 뜨거워질수록 원자가 더 빠르게 진동하거나 움직인다. 당신이 어떤 것을 가열하면 각각의 원자는 더 활발히 움직일 것이다. 원자의 움직임이 증가하면 원자가 차지하는 공간이 더 넓어진다.

원자 하나만 놓고 보면 차지하는 공간이 아주 조금 늘어났을 뿐이지만 돌과 같은 어떤 물체 내의 모든 원자에 이런 일이 일어난다면 그것의 부피는 눈에 띄게 팽창할 것이다.

냉동 팽창

소수의 특별한 물질은 얼렸을 때 팽창한다. 물병에 물을 가득 채워 냉동실에 넣었다가 나중에 열어 보니 물병에 금이 간 것을 발견한 경험이 있을 것이다. 액체 물질 내의 모든 원자는 자유롭게 철벅거리며 움직이지만, 일부 화합물은 고체가 되었을 때 결정 조직을 형성한다. 이런 결정구조가 형성되기 위해서는 개별 원자 간의 간격이 더 멀어져야 하며 따라서 물질 전체의 부피가 팽창한다.

논스틱 팬의 달걀 프라이는 왜 달라붙지 않을까?

요리를 한 후 프라이팬 바닥에 눌어붙은 것을 발견하면 짜증이 난다. 하지만 현대 요리 기술은 마찰력이 낮은 코팅을 사용하여 주방 참사를 방지해 주는 논스틱nonstick 팬을 만들어냈다.

달라붙는 근본적인 이유

프라이팬 위에서 익고 있는 달걀이 팬에 풀처럼 딱 달라붙는 것은 아니다. 달걀(및 모든 달라붙는 음식)은 사실 프라이팬 표면의 작은 구멍, 긁힌 자국이나 기타 손상 부위에 걸리는 것이다. 이런 것은 제조 과정에서 자연적으로 생길 수도 있지만 너무 격한 세척에도 생길 수 있다. 그래서 낡은 팬일수록 음식이 더 눌어붙는 것이다.

마찰로 고정하기

논스틱 팬은 일반적인 팬과 같은 방법으로 만든 후 플라스틱 폴리머(고분자화합물)라 불리는 특수 물질을 코팅한 것이다. 플라스틱 폴리머는 (스파게티 비슷한) 긴 사슬 모양의 화합물인데 넓적한 판 모양으로 가공할 수 있다. 이 판 모양의 물질은 아주 강하고 쉽게 화학적 결합을

하지 않으며 마찰력이 낮다. 그래서 폴리머 표면 위에 놓은 음식은 쉽게 미끄러진다. 그런데 많은 사람이 이렇게 미끄러운 폴리머 코팅이 어떻게 팬 위에 달라붙어 있는지 궁금해 한다. 이게 가능한 이유는 코팅되지 않은 팬의 표면이 아주 거칠기 때문이다. 그 위에 플라스틱 폴리머를 도포하면 플라스틱이 팬에 달라붙고 나서 매끈한 층이 형성된다.

물질

MATERIALS

사물을 구성하는 물질에 대해 얼마나 알게 되었는가?
다음 문제를 풀며 자신의 지식을 가늠해 보라.

Questions

1. 최근 개발된 녹는점이 가장 높은 것으로 알려진 물질은 무엇인가?

2. 금속을 금속답게 만드는 것은 무엇인가?

3. 방사능 원소 스트론튬-90의 반감기는 얼마인가?

4. 다이아몬드를 구성하는 원소는 무엇인가?

5. 물질 속에 전기가 축적되는 것을 무엇이라 부르는가?

6. 초전도체가 작동하기 위해서는 어느 온도까지 냉각되어야 하는가?

7. 입자의 어떤 운동이 대부분의 물질 팽창을 일으키는가?

8. 논스틱 팬을 코팅하는 데 흔히 사용하는 화학물질은 무엇인가?

9. 어떤 종류의 의학 장비에서 초전도체를 볼 수 있는가?

10. 천연 다이아몬드는 어디에서 발견되는가?

Answers

정답은 213페이지에서 확인하세요.

정말로 머리를 사용하면
자동차 문을 열 수 있을까?

전자레인지 안에 있는
그물망은 무엇일까?

전자레인지는 전자파를 이용하여 음식 속 수분을 가열한다. 전자파를 그냥 내버려두면 사람에게 위험할 수 있다. 그런데 전자레인지 문 안쪽에 그물처럼 생긴 망의 구멍이 전자파보다 더 작아서 전자파를 전자레인지 안에 안전하게 가둬두는 역할을 한다.

전자레인지의 위력

페리톤(신화 속 동물의 이름을 딴)은 1998년 오스트레일리아 파크스 천문대에서 구경 64미터인 전파망원경에 의해 처음 발견된 현상이다. 근원을 알 수 없는 단파장 전파가 100만 분의 1초 동안 갑자기 나타났다 사라지는 현상이 되풀이된 것이다. 이 전파가 망원경이 향하고 있던 먼 우주에서 오지 않았다는 것은 즉시 알 수 있었지만 전파의 근원에 대해서는 항공기 신호부터 태양 표면의 폭발에 이르기까지 수없이 많은 추측이 이어졌다. 2015년이 되어서야 그 원인이 밝혀졌다. 천문대에서 근무하는 성미 급한 과학자들이 부엌의 전자레인지에 요리를 데우다가 요리가 끝나기도 전에 전자레인지 문을 여는 바람에 망 안에 갇혀 있던 전자파가 공기 중으로 방출된 것이었다.

초콜릿으로 빛의 속도를 재는 방법

전자레인지와 초콜릿 바만 있으면 빛의 속도를 측정할 수 있다! 우선 초콜릿 바가 회전하지 않도록 전자레인지 안에 있는 원판을 빼놓는다. 그다음 전자레인지에서 사용 가능한 접시 위에 초콜릿을 올려놓는다. 그리고 초콜릿이 여기저기 녹기 시작할 때까지(보통 20초 정도) 가열한다. 전자파의 파형에는 고점과 저점이 있는데 고점과 저점을 각각 지날 때 초콜릿에 녹는 지점이 생긴다. 전자레인지의 파장을 알려면 고점과 고점 사이 또는 저점과 저점 사이 간격을 측정해야 한다. 이 간격은 동일하므로 가장 쉽게 재는 방법은 초콜릿이 녹아 있는 두 지점 간의 거리를 자로 측정한 후 2를 곱하는 것이다. 이 값에 전자레인지의 주파수(기본 전자레인지의 주파수는 2.49×10^9 헤르츠다)를 곱하면 빛의 속도를 알 수 있다. 실제 빛의 속도는 초속 299,792,458미터이다. 당신이 계산한 속도와 비교해보면 어떤가?

우주복 없이 우주에서
얼마나 오래 버틸 수 있을까?

우주는 단순 여행으로 가기에는 아주 비싼 곳이다. 그 비용에는 우주비행사가 입는 수백만 달러의 우주복이 포함된다. 안 입으면 비용을 줄일 수 있는데 왜 꼭 입고 가는 것일까? 우주복 없이 우주에 가려는 시도는 매우 빠르고 고통스러운 죽음을 의미하는데 그 이유는 크게 4가지다.

산소

우주에는 공기가 없다. 사실은 아무것도 없다. 우주복은 생존에 필요한 산소를 계속 제공해 준다. 보통 사람은 2분 정도 숨을 참을 수 있지만 우주에서는 폐 속의 공기가 밖으로 빠져나가기 때문에 15초만 지나면 의식을 잃게 된다.

온도

우주는 아주, 매우 춥다. 섭씨 영하 270도로 절대0도보다 아주 살짝 높은 수준이다. 이런 온도에선 몸이 꽁꽁 얼어붙어 갈라질 것이다. 물론 바로 이렇게 되지는 않는다. 먼저 사람의 체온이 떨어져

야 하는데 우주에서는 여기에 약 1분 남짓한 시간이 걸린다.

압력

우주에는 물질이 별로 없지만 사람의 몸속에는 뭐가 잔뜩 들어 있다. 그 압력 차이가 큰 문제가 된다. 왜냐하면 자연히 몸속의 장기가 밖으로 나가려고 하기 때문이다. 혈액 속 일부 물질은 기체로 변해 거품을 생성하고 몸은 부풀어 오를 것이다. 압력이 낮기 때문에 낮은 온도에도 불구하고 인체 표면에 있는 눈이나 입속의 액체가 끓어오를 것이다.

방사능

당신이 어찌어찌해서 위의 문제에도 불구하고 살아남았다 치자. 하지만 우주에 있으면 엄청난 양의 방사능에 노출된다. 이런 방사능은 별을 비롯한 여러 근원에서 발생한다. 게다가 매우 강한 자외선과 X선, 어쩌면 감마선에도 노출될 것이므로 인체 내의 분자는 돌이킬 수 없는 손상을 입는다.

냉동실은 어떻게 계속 차가운 걸까?

현대 기술의 위대한 혁신 중 하나는 어떤 것 (주로 음식)을 차갑게 유지하는 능력이다. 그 덕분에 신선한 음식을 아주 멀리까지 운반하고 오랫동안 저장할 수 있다. 그런데 이게 어떻게 가능할까?

열은 높은 곳에서 낮은 곳으로 흐른다

열은 뜨거운 곳에서 차가운 곳으로 흐른다. 만약 온도가 다른 두 금속을 서로 맞대면 온도가 높은 쪽의 열이 차가운 쪽으로 이동해서 결국 두 금속의 온도는 똑같아진다. 냉동실 문을 열어 보면 구불구불한 관이 보일 것이

다. 아주 차가운 액체가 이 관을 지나면서 냉동실 안의 열이 이 액체로 흘러 들어가 장치 밖으로 빠져나가는 것이다.

냉동실을 차갑게 유지하는 메커니즘

장치 밖으로 열을 빼내는 것은 쉽지만 열은 그 후에도 계속 액체 속에 남아 있어서 그대로 두면 결국 모두 상온으로 데워지게 된다. 중요한 것은 액체에서 열을 제거하는 것이다. 이 문제는 데워진 액체를 고압증기로 변환하고 다시 고압 액체로 변환함으로써 해결한다.(이것은 냉동실 뒤에 있는 그릴에서 일어난다.) 이렇게 만들어진 액체는 (스프링 같이 생긴) 촘촘히 감긴 모세관 속으로 주입된다. 관을 이런 모양으로 감아 놓은 이유는 관의 위쪽과 아래쪽 사이에 압력 차이를 크게 만들기 위해서다. 압력이 하락하면서 액체가 차가워지면 냉동실로 다시 들어가 또다시 열을 제거하여 냉동실을 차갑게 유지한다.

연필로 글씨를 쓰면
까맣게 보이는 원리는 무엇일까?

종이에 연필을 대고 그으면 그림이나 글씨를 쓸 수 있다. 이 원리에 대해 호기심을 가진 적이 있는가? 이는 연필이 흑연의 특별한 성질을 이용해 종이 위에 얇은 층을 남기기 때문이다.

종이에 흑연층을 남기는 연필

연필은 흑연으로 만들어진다. 흑연은 아주 특별한 방법으로 배열된 탄소의 한 종류다. 흑연 속 탄소 원자는 넓은 판 위에 규칙적으로 (대개 육각형 모양으로) 배열되어 있다. 이 판은 겹겹이 쌓인 층 구조로 쌓아 올릴 수 있다. 판 안에 있는 탄소 원자의 결합은 아주 강해서 잘 깨지지 않지만 판과 판 사이의 결합은 약해서 힘을 살짝만 줘도 판과 판 사이가 밀려 떨어져 나간다. 연필 중심부에 있는 아주 얇은 흑연층을 (연필)심이라고 부른다. 우리가 연필로 글씨를 쓸 때 이 흑연에 압력을 가하면 이로 인해 흑연의 일부 층이 떨어져 나가 종이 위에 남게 된다.

우주에선 어떤 펜을 사용할까?

아마 이런 옛날이야기를 들은 적이 있을 것이

다. 우주에 갈 때 미국은 우주에서 사용할 펜을 발명하기 위해 수백만 달러를 투자해 수년간 연구를 했다. 거꾸로, 수중에서, 무중력상태에서 그리고 어떤 온도에서도 사용할 수 있는 그런 펜 말이다. 하지만 러시아인은 그냥 연필을 사용했다. 이 이야기는 재밌지만 허구다. 미국과 소련 모두 원래 연필을 사용했지만 곧바로 펜으로 바꾸었다. 왜냐하면 흑연으로 만든 연필심은 부러지기 쉽고 작은 가루가 생기기 때문이다. 흑연은 전도성이 있기 때문에 만약 흑연 조각으로 전자 제품을 만든다면 온갖 피해가 발생할 것이다.

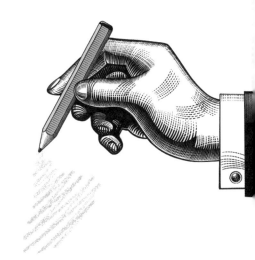

원자폭탄은 어떻게 폭발할까?

원자폭탄은 인간이 만든 가장 파괴적인 물질 중 하나로, 도시 전체를 무너뜨리고 수십 킬로미터에 걸쳐 대대적인 피해를 일으킬 만한 힘을 지녔다. 이 엄청난 힘은 개별 원자의 반응에 의해 방출되는데 그 방법은 2가지다.

핵분열폭탄

핵분열폭탄은 제2차 세계대전 당시 일본에 투하된 것과 같다. 이 폭탄은 우라늄이나 플루토늄과 같이 핵 안에 많은 양의 중성자와 양자가 들어 있는 대형 원소로 이루어져 있다. 중성자 하나를 거대한 플루토늄 원자핵에 쏘면 원자핵이 분열되면서 에너지와 여러 개의 중성자가 방출된다. 이 중성자는 또 다른 플루토늄 원자와 충돌하여 핵분열 반응을 일으켜 더

많은 에너지와 역시 많은 수의 중성자를 방출한다. 이러한 연쇄반응에서 엄청난 양의 에너지가 발생한다. 플루토늄 453그램이 TNT 화약 약 1만 톤에 맞먹는다.

핵융합폭탄

흔히 수소폭탄, 즉 H폭탄으로 알려진 핵융합폭탄은 핵분열폭탄보다 진화한 형태로 훨씬 더 파괴적이다. 핵융합폭탄은 X선이나 감마선을 사용해 수소를 압축하여 수소의 온도를 크게 높인다. 이렇게 하면 수소가 열핵융합반응을 일으켜 엄청난 양의 에너지와 초고속의 중성자를 방출하며 이어서 폭탄의 다른 곳에서도 분열이 발생한다. 방출되는 에너지의 절반가량은 초기 핵융합 프로세스에서 나오고 나머지는 추가적인 핵분열성 물질에서 나온다. 지금까지 폭발한 핵융합폭탄 중 가장 강력했던 것은 '차르 봄바'로 1961년 러시아 본토의 북쪽에 위치한 세베르니 섬에서 실험한 폭탄이다. 이는 TNT 5,500만 톤에 해당하는 위력의 폭발을 보였다.

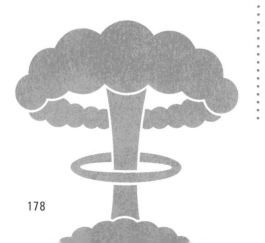

왜 전구의 종류는 이렇게 많은가?

전구를 사러 가려면 준비를 단단히 해야 한다. 자칫하면 맞지 않는 전구를 사올 수 있기 때문이다. 크기와 맞물림의 차이 이외에도 전구에는 여러 종류가 있다. 전구는 종류마다 각기 다른 방법을 사용하여 다양한 빛과 효율을 만든다.

백열등

백열등은 전통적인 유형의 전구다. 필라멘트라고 불리는 팽팽하게 감긴 (대개 텅스텐으로 만든) 전선을 통하여 전류가 흐른다. 필라멘트가 빛을 내며 매우 강한 열이 발생한다. 백열등은 밝고 따뜻한 빛을 생산하지만 매우 비효율적이어서 약 2퍼센트만 빛으로 나가고 나머지는 대부분 열로 변한다.

할로겐전구

할로겐전구는 백열등과 동일하게 코일을 사용하지만 전구의 나머지 부분은 (브롬이나 요오드와 같이) 할로겐이 포함된 기체로 채워진다. 이런 기체는 처음에 코일에서 연소되어 나온 물질을 일부 가지고 있다. 그 물질은 필라멘트

로 다시 돌아가 전구 내에서 재활용되니 전구를 더 오래 사용할 수 있다.

형광등

사무실이나 학교에서 볼 수 있는 길고 하얀 전구는 형광등이다. 형광등 속에는 수은 증기가 들어 있어서 전류가 증기를 통해 흐르면서 활성화된다. 이 과정에서 수은 증기가 방출하는 전자기파로 인해 전구 안의 인 가루 코팅이 빛을 발산하게 된다. 형광등은 백열등에 비해 에너지 효율이 훨씬 높다.

LED 전구

LED(발광 다이오드) 전구는 특수한 작은 전기 부품으로 구성된다. 전류가 공급될 때 그들은 양자효과를 이용하여 빛을 방출한다. LED는 아주 소량의 전력을 사용하며 다른 종류의 전구보다 훨씬 더 효율이 높다. 최근에 제작 기술이 발전되면서 LED는 이제 백열등만큼 밝은 빛을 낼 수 있다.

무엇이 수정시계를
똑딱거리게 하는가?

시계는 백 년이 넘도록 시간을 알리는 데 사용되었다. 그러나 괘종시계의 물리학을 오늘날 시계에 적용하려면 특별한 재료가 필요하다. 수정시계의 경우, 아주 작은 수정진동자가 일정한 패턴으로 진동하여 시간을 알려준다.

규칙적인 시간 맞추기
모든 아날로그시계는 특정한 기계장치가 일정한 주기로 움직이는 원리를 이용해 작동한다. 괘종시계는 일정한 속도로 앞뒤로 흔들리는 추를 이용한다. 알람시계와 태엽시계도 앞뒤로 움직이는 스프링 진자를 이용한다. 심지어 현대의 원자시계도 규칙적인 시간 간격을 유지하기 위해 원자의 움직임을 이용한다.

수정의 힘
수정시계(흔히 석영시계라 불림)는 작고 원통형에 가까운 이산화규소 결정체(수정)를 포함하고 있다. 이산화규소는 '압전기'의 성질을 가지고 있어서 찌그러지거나 늘어났을 때 약한 전류를 발생시킨다. 또한 그 반대도 가능하다. 다시 말해 결정체에 전류가 흐르면 결정체가 찌그러지고 늘어나는 물리적 변형을 반복하며 진동한다. 대부분의 수정시계는 수정이 초당 32,768회 진동하도록 제작된다. 시계의 전자장치나 기어는 이 진동을 1초마다 움직이는 무브먼트로 변환하여 초침을 움직이고 초침과 연결된 시계의 다른 부품이 맞물려 움직이면서 시계가 작동한다.

"수정은
찌그러지거나 늘어났을 때
약한 전류를 발생시킨다."

어떻게 정확한 시간을 알 수 있을까

정확한 시간을 아는 것은 매우 중요하다. 특히 항해에서는 정확한 시간을 아는 것이 생사를 결정할 때도 있다. 18세기 중반 고성능 시계가 만들어지기 전까지는 배 위에서 정확한 시간을 알기가 어려웠다. 추가 달린 시계는 배의 출렁이는 움직임에 영향을 받을 테니 말이다. 많은 사람이 이 문제에 대한 해결책을 내놓았다.

그중엔 황당한 것도 있었는데 어떤 사람은 심지어 이런 제안도 했다. 배에 개를 한 마리 두고 개를 칼로 찌른 후 개의 피가 묻은 칼을 육지에 있는 사람에게 주는 것이다. 육지에 있는 사람은 매일 시계가 정오를 가리킬 때마다 그 칼을 특수한 화학물질에 넣는다. 그럼 매일 정오가 되면 배에 타고 있던 개가 비명을 질러 선원들이 시간을 알 수 있다는 것이었다. 다행히도 이 황당한 제안은 바로 퇴짜를 맞았다.

오늘날, 전 세계의 연구소에서 400개 이상의 원자시계가 정확한 시간을 알려주고 있다. 이들은 세슘 원자의 진동을 이용하여 시간의 흐름을 정확하게 측정하고 단일 표준시간을 유지하기 위해 정기적으로 상호 비교한다. 원자시(TAI)는 태양 주위의 지구 운동을 기초로 하는 반면, 협정세계시(UTC)는 우리가 계산을 시작한 이후 경과한 초의 양에 기초한다. 흥미롭게도 지구는 태양 주위를 완벽하게 움직이지 않기 때문에 국제원자시는 우리가 일상생활에서 사용하는 협정세계시보다 37초 빠르다.

정말로 머리를 사용하면
자동차 문을 열 수 있을까?

원격 자동차 키를 머리에 갖다 대면 작동 범위가 늘어나서 더 멀리서도 차 문을 열 수 있다는 이야기를 들어봤을 것이다. 놀랍게도 이 이야기는 사실이다. 바로 우리 몸이 증폭기 역할을 한다.

원격 자동차 키의 작동 원리

원격 자동차 키는 단거리 무선송신기로, 자동차에서 수신한 특정 부호신호로 전파를 만들어 문을 연다. 전파는 전자와 같이 전하를 띤 입자의 움직임에 의해 생성된다. 하전입자의 움직임에 따라 파동의 크기와 파장의 거리가 변화한다. 북미에서 생산된 자동차 키는 315메가헤르츠, 다른 지역에서 생산된 경우 433.92메가헤르츠의 주파수를 사용하며 대개 작동 범위가 4.5~20미터 사이이다. 그 범위를 넘으면 키에서 보낸 신호가 너무 약해 자동차가 판독할 수 없어 문이 열리지 않는다.

인체를 증폭기로 사용하는 방법

우리 몸의 거의 대부분은 (특히 머리) 물로 구성되어 있다. 전파가 물을 통과할 때 전파의 전자기 효과가 물 분자를 동기화시킨다. 물 분자는 전파 신호를 모방하게 되어 전파가 더욱 강해진다. 그래서 자동차 키를 머리에 대면 작동 범위가 늘어나서 더 멀리서도 차 문을 열 수 있다.

비행기는 어떻게 하늘에 떠 있는거지?

공항에 가보면 알겠지만 비행기는 놀랄 만큼 크고 무겁다. 그럼에도 비행기는 마치 중력의 영향을 받지 않는 듯 날아오른다. 비행기는 중력에 대응하는 충분한 상승력('양력'이라고 한다)을 만들어내기 때문에 하늘을 날 수 있다.

비행기 날개에 숨겨진 비밀

간단히 설명하자면 비행기는 양력을 발생시키기 위해 날개의 위쪽보다 아래쪽에 더 많은 공기 마찰이 생기도록 설계되었다. 비행기 날개는 바닥 쪽이 평평하고 위쪽이 약간 경사진 모양을 하고 있다. 이것은 비행기가 앞으로 움직일 때 날개의 바닥 면이 많은 양의 공기 분자와 충돌한다는 것을 의미한다. 이 충돌은 양력을 만들어낸다. 날개의 윗부분이 뒤로 기울

어지면서 구부러진 모양이 되면 공기 분자와의 충돌이 줄고 충돌한 분자를 아래로 밀어낼 수 있어서 날개 전체가 위로 뜨는 힘을 받게 된다.

비행기의 상승 및 하강

이륙하고 나면 비행기는 고도를 높이기 위해 기체를 위쪽으로 기울인다. 이것은 날개의 바닥 면에 더 많은 분자가 충돌하여 더 많은 양력이 생겨 비행기가 상승하도록 한다. 반대로 하강하기 위해서 비행기는 날개에 생성되는 양력이 줄어들도록 기체를 앞쪽으로 기울인다. 비행기 날개는 완벽한 수평 상태에서 비행할 경우 중력과 양력의 힘이 정확히 상쇄되어 같은 고도를 유지하도록 세심하게 설계되었다.

선글라스를 끼면
왜 물체가 어둡게 보일까?

해가 쨍쨍할 때 선글라스는 눈을 편안하게 해주는 도구다. 이 놀라운 발명품은 눈부신 햇빛도 견딜 수 있게 해준다. 선글라스는 편광 효과로 물체가 어둡게 보이게 해준다. 편광 효과란 특정한 상phase의 빛만 통과시켜 눈에 도달하는 빛의 양을 줄이는 것을 의미한다.

결국은 회전에 대한 것이다

빛은 전자기파이므로 편평한 2차원 곡선처럼 움직인다. 빛은 또한 상이라는 성질을 가진다. 상은 빛 파장의 회전 각도를 말한다. 보통 광원

은 많은 빛을 방출하며 심지어 같은 방향으로 방출된 빛이 회전으로 인해 다른 상을 가질 수도 있다.

보호용 격자가 하는 일

선글라스의 렌즈는 편광필터로 만들어진다. 편광필터는 매우 작아서 육안으로 볼 수 없는 (동물원의 철창과 같은) 작은 막대다. 편광 필터의 역할은 특정한 상을 가진 빛을 걸러내는 것이다. 이 막대와 같은 상을 가진 빛은 막대 사이를 통과하지만 빛이 조금만 회전해버리면 통과하지 못한다. 선글라스를 끼면 모든 게 어둡게 보인다. 왜냐하면 빛의 일부만이 편광필터를 통과할 수 있기 때문이다. 선글라스를 더 밝게 또는 더 어둡게 하려면 이 막대 사이의 간격을 넓히거나 좁히면 된다.

어떻게 돋보기로 사물을 태울 수 있는 거지?

어릴 때 돋보기를 이용해 종잇조각 같은 걸 태워본 적이 있을 것이다. 하지만 어떻게 단순한 유리 조각이 물체에 불을 붙일 수 있을까? 그것은 돋보기가 태양 광선을 작은 지점에 집중시킬 수 있기 때문이다.

빛을 조정하는 방법

빛을 조정하는 가장 쉬운 방법은 렌즈를 사용하는 것이다. 렌즈란 곡선으로 휘어 있는 유리나 다른 투명한 물체를 말한다. 렌즈의 모양에 따라 빛에 미치는 영향이 다르다. 밖으로 휘어있는 볼록렌즈를 통과하는 빛은 내부로 굴절된다. 반면에 안쪽으로 휘어 있는 오목렌즈는 빛을 외부로 굴절시킨다. 렌즈의 다양한 만곡을 이용하여 빛의 방향, 모양, 크기를 매우 정밀하게 조정할 수 있다. 돋보기는 커다란 볼록렌즈이므로 아주 작은 점에 많은 빛을 모을 수 있다. 보다 많은 태양 광선을 작은 점에 모으면 온도가 점차 올라가 그 물체를 태울 수 있다.

다양한 렌즈의 사용

렌즈가 돋보기에만 사용되는 것은 아니다. 안경도 렌즈를 가지고 있어 눈에 들어오는 빛을 바꾸어 사물이 잘 보이게 한다. 망원경과 현미경 또한 렌즈로 만들어지는데 들어오는 빛을 더 조밀하게 만들어 상image을 축소하거나 빛을 퍼뜨려 상을 확대할 수 있다. 눈에도 렌즈가 있기 때문에 절대 눈에 레이저 포인트를 비추면 안 된다. 눈에 있는 렌즈가 망막에 있는 아주 중요한 지점에 빛을 집중시켜서 잘못하면 실명할 수 있기 때문이다.

나침반이 가리키는 곳은 어디일까?

나침반은 방향을 찾는 데 꼭 필요한 물건이다. 나침반의 바늘이 항상 북극을 향하고 있기 때문이다. 그런데 사실은 나침반 바늘이 가리키는 곳은 북극이 아니라 남극이라는데 이게 무슨 얘기일까?

어느 극이 어느 극인가?

이것은 사실 함정이 있는 문제다. 왜냐하면 나침반은 북쪽을 가리키고 있지만 그곳은 북극과는 다르기 때문이다. 실제로 지구에는 몇 개의 서로 다른 극이 있다. 우리가 보통 생각하는 북극, 남극은 지리학적 극지로(지도에 나오는 북극과 남극) 자전축의 위쪽이 지표와 만나는 점이 북극이고 자전축의 아래쪽이 지표와 만나는 점이 남극이다.

자북극이 사실은 자남극이라고?

지구의 자극magnetic poles은 조금 다르다. 일단 자북극은 조금씩 움직인다. 내가 이 글을 쓰고 있는 현재, 자북극은 지리학적 북극에서

약 700킬로미터 떨어져 있으며 일 년에 48킬로미터 이상을 이동한다. 자북극과 자남극은 또한 일렬이 아니다. 만약 자북극에서부터 지구를 통과하여 일직선을 그린다고 하면 그 직선은 자남극을 통과하지 않는다. 이것은 지구의 핵과 태양풍의 영향 때문이다.

더욱 혼란스러운 것은 우리가 지구의 자북극이라고 부르는 것이 사실 자남극이라는 것이다! 자석의 자기장은 항상 북쪽에서 남쪽으로 흐른다. 하지만 지구자기장은 자남극에서 자북극으로 흐르므로 실제로 나침반 바늘은 늘 지구 자기장의 남극을 가리키고 있다.

"나침반은
북쪽을 가리키지만
그 북쪽은
북극과 다르다."

186

기술

기술적 장치의 작동 원리를 이해했는가?
퀴즈를 풀면서 당신의 지식을 뽐내 보자.

Questions

1. 빛의 속도를 계산하기 위해 전자레인지와 어떤 간식을 이용할 수 있는가?

2. 수정시계를 작동하기 위해 어떤 물질을 사용하는가?

3. 우주의 온도는 몇 도인가?

4. 액체의 어느 속성을 바꾸면 액체의 온도가 내려갈까?

5. 연필심은 무엇으로 만들어졌는가?

6. 원자폭탄을 만드는 2가지 방법은 무엇인가?

7. 비행기 날개의 아래쪽과 위쪽 중 공기압력을 더 많이 받는 쪽은 어디인가?

8. 머릿속의 어떤 것이 전자기 신호를 전송해 주는가?

9. 가장 효율이 높은 전구는 어떤 것인가?

10. 눈에 도달하는 빛의 양을 줄일 수 있는 효과는 무엇인가?

Answers

정답은 214페이지에서 확인하세요.

스피커가 자석을 이용해서
소리를 만든다고?

컴퓨터는 1과 0을 어떻게 저장할까?

우리는 거의 모든 일에 컴퓨터를 사용하지만 컴퓨터가 어떻게 작동하는지, 물리적 구성 요소가 어떻게 생겼는지 아는 사람은 별로 없다. 일반적으로 컴퓨터가 1과 0으로 실행된다는 것은 알지만 그것이 실제로 어떻게 일어나는지는 많은 사람에게 완전한 수수께끼다.

마그네틱 비트가 '읽는' 방법

컴퓨터 하드 드라이브는 회전하는 기판(디스크)으로 만들어지고 그곳에 저장된 정보는 옛날 전축의 작동법과 같이 장치 내 '헤드'를 사용하여 읽거나 쓸 수 있다. 전축의 경우 음반 표면의 틈에 저장된 정보를 전축의 바늘이 '읽는다'. 그러나 하드 드라이브에서는 정보가 '마그네틱 비트'라 불리는 기판의 작은 구역 내에 암호화된다. (1바이트는 8비트다.) 마그네틱 비트는 더 작은 '그레인'으로 구성되는데, 그레인이란 금속에서 자연적으로 발생하는 입자를 말한다. 그레인은 작은 자석과 같으며 마그네틱 비트는 그레인 몇 개를 연결하여 하나의 더 큰 자석처럼 작용하게 만들 수 있다. 이러한 마그네틱 비트를 이용하여 데이터를 저장할 수 있다. 마그네틱 비트는 왼쪽이나 오른쪽(또는 만드는 방식에 따라 위쪽이나 아래쪽)을 가리키는데 드라이브의 읽기 헤드가 비트의 위쪽을 지나가며 정보를 읽는다. 한 구역과 옆 구역의 방향이 다르면 그것을 1로 읽고 같으면 0으로 읽는다. 하드 드라이브는 (자석을 움직여서) 1초에 수백만 비트를 읽거나 쓸 수 있다.

"컴퓨터는 자기 영역 내에
1과 0을 물리적으로 저장한다."

미래의 저장 공간

하드 드라이브에 더 큰 저장 공간을 만들기 위해 지속적으로 개발 중이며 기술의 발달로 하드 드라이브의 크기는 더욱 작아지고 있다. 최근 떠오르는 하드 드라이브 저장 기술의 하나로 가열 자기기록(Heat Assisted Magnetic Recording : HAMR)이 있다. 하드 드라이브의 데이터 저장 용량을 늘리는 확실한 방법은 비트와 그레인을 더 작게 만드는 것이다. 하지만 그것을 더 작게 만들 경우 주위 환경의 영향으로 비트의 자성 방향이 무작위로 변화하여 데이터에 오류를 일으킬 수 있다는 취약점이 있다. 이를 방지하기 위해서 항자기성이 높은 자기층을 사용하여 자성의 방향을 더 강하게 고정해야 한다. 하지만 항자기성이 높은 소재를 사용할 경우 하드 드라이브에 새로운 데이터를 기록하기가 어려워 컴퓨터 속도가 느려질 수 있다. 가열 자기기록은 드라이브에 새로운 데이터를 기록하기 전에 레이저로 가열하여 항자기성을 약화시킨다. 데이터가 하드 드라이브에 기록된 후에는 드라이브가 차가워지면서 데이터가 고정된다. 이렇게 해서 같은 공간에 더 많은 데이터를 저장할 수 있다.

SSD

SSD(Solid State Drive)는 자성체 대신 개방된 전기 트랜지스터를 사용하여 전자가 통과하거나 (1) 정지하게(0) 한다. 이렇게 하면 정보의 기록과 판독이 더 빨라지며 기계 부품이 망가질 일이 없기 때문에 장치의 내구성이 뛰어나다. 하지만 SSD는 기존 하드 드라이브보다 비싸고 저장 용량이 작다는 단점이 있다.

와이파이는 어떻게 작동하는가?

와이파이는 요즘 정말 없는 곳이 없다. 집, 사무실, 카페, 심지어 어떤 도시 전체가 와이파이를 가지고 있기도 하다. 모든 와이파이는 인터넷에 연결된 허브와 와이파이가 가능한 장치 사이의 전파 신호를 이용해 정보를 송신하며 작동한다.

전파를 만들고 보내는 방법

무엇이 와이파이 파장을 특별하게 만드는지를 알아보기 전에 전파가 어떻게 정상적으로 작동하는지 알아볼 필요가 있다. 전파는 안테나만 있으면 아주 쉽게 만들 수 있다. 전파는 (빛과 같은) 전자기 방사선의 한 종류로 전자와 같이 전기를 띤 입자가 움직일 때 생성된다. 라디오 안테나에서 전자는 금속 막대기를 위아래로 오고 가며 전파를 만든다. 전자가 움직이는 속도가 달라지면 다른 주파수의 전파가 만들어진다. 전자의 움직임을 포함해 전기로 작동되는 모든 것은 전파를 발산한다. 대부분의 현대 기술은 전기로 작동되기 때문에 우리 주변에는 항상 전파가 많다. 라디오 안테나는 먼 곳까지 전달될 수 있는 하나의 크

고 명확한 전파를 만들기 위해 특별히 설계되었다.

전파에 정보를 담아라

우리는 종종 전파를 단순한 일정 모양의 패턴으로 생각하지만 전파가 쓸모 있으려면 어떻게든 정보를 전달해야 한다. 그럼 어떻게 해야 할까? 정보를 전송하기 위해서는 정상적인 전파 주파수(와이파이의 경우는 2.4기가헤르츠)를 정보 신호로 '둘러싸야' 한다. 이것은 전파를 내보내기 전에 파장의 크기를 정보신호 모양으로 변형시켜야 한다는 것을 의미한다. 이것은 뱃

뻣한 철사를 약간 구부려서 형태를 만드는 것과 비슷하다. 대략적인 형태는 변하지 않았지만 세밀하게 변형된 디테일에 정보가 담겨 있다. 이러한 정보신호가 핸드폰이나 노트북 같은 장치에 도달하면 장치는 전파의 형태로부터 정보를 추출할 수 있다. 이렇게 해서 빠른 데이터 전송이 가능해지고 무선 인터넷을 사용할 수 있는 것이다.

와이파이가 건강에 미치는 영향

어떤 사람들은 계속해서 전파로 가득한 환경에서 살다 보면 건강상의 위험이 있지 않을까 걱정한다. 하지만 이 문제에 대한 과학적 결론은 확실하다. 와이파이 장치, 핸드폰, 전신주 또는 다른 모든 현대 전자장치로부터 나오는 전파 신호는 위험하지 않다. 그들로부터 나온 광선이 비전이성이기 때문에 안전할 뿐 아니라 현대 기술로 생산된 전파의 양은 매일 우리를 관통하는 우주 방사선에 비하면 엄청나게 소량이기 때문이다.

가정용 배터리와 차량용 배터리를 바꿔 쓰면 어떤 일이 생길까?

배터리는 전기 코드로부터 우리를 해방시켜
준다. 그런데 모양과 크기가 그렇게 다양할 필
요가 있을까? 모든 배터리의 역할이 전원 공
급이라면 하나의 배터리를 여러 목적으로 사
용할 수 없는 걸까? 왜 자동차는 AA배터리
로 작동할 수 없는 걸까? 배터리를 서로 교환
해서 사용할 수 없는 이유는 그들이 생산하는
전류의 양이 다르기 때문이다.

전압과 전류는 어떻게 다른가

전압은 전기위치에너지의 척도. 사다리를
올라가는 것을 상상해 보자. 위로 올라갈수록
땅과 당신의 거리는 멀어질 것이고 중력 위
치에너지는 증가한다. 올라갈 때는 위치에너
지가 증가한 것을 잘 느끼지 못하겠지만 아래
로 떨어진다면 분명히 알게 될 것이다. 배터리
에서 이 위치에너지는 회로 내의 물리적인 간
격에 의해 만들어진다. 전하는 충분히 커져서
장벽을 극복하고 전기가 흐를 수 있을 때까지
한쪽에 축적되어야 한다. 배터리의 전압은 그
간격을 극복하는 데 필요한 위치에너지다. 반
면에 전류는 얼마나 많은 전기가 회로에 흐르
는지에 대한 척도다. 전자가 더 많거나 더 빨

리 움직일수록 전류는 높아진다.

배터리마다 용도가 다르다

12볼트 가정용 배터리와 12볼트 차량용 배
터리를 둘 다 살 수는 있지만 용도를 바꿔서
사용할 수는 없다. 서로 역할이 다르기 때문
에 각자 다른 것을 제공한다. 리모컨이나 이
와 비슷한 용도의 가정용 배터리는 적지만
일정하게 전류를 생산해야 하는 반면, 차량

용 배터리는 엔진을 작동시키기 위해 단시간에 많은 전류를 생산한다. 가정용 배터리는 대략 0.05암페어의 전류를 일정하게 생산하지만, 차량용 배터리는 400암페어 이상의 전류를 단시간 제공할 수 있다.

인체에 위험한 것은 전압? 전류?

전압은 그렇게 위험하지 않다. 만약 당신이 과학 시간이나 과학 박람회에서 밴더그래프 정전 발전기를 만져본 적이 있다면 10만 볼트를 넘는 충격을 받았을 것이다. 그러나 이건 조금 아프긴 해도 위험하진 않다. 반면에 전류는 치명적일 수 있다. 사람 몸을 통과하는 전기 전류는 모든 종류의 정상적인 신체 신호를 교란시켜 근육 경련을 일으키고 심장을 완전히 멈추게 할 수 있다. 인체의 자연적인 전기저항에 의한 열도 인체 내부와 외부에 심한 화상을 일으킬 수 있다. 0.1암페어 이상의 모든 전류는 인체에 치명적이다.

차량용 배터리는 안전한가?

만약 일반적인 차량용 배터리가 당신을 죽일 수 있는 전류의 4,000배 이상을 생산할 수 있다면 차량용 배터리는 인간에게 엄청나게 위험한 물건인가? 다행히도 답은 '아니오'다. 이 문제의 핵심은 우리 몸의 자연적인 전기저항이다. 사람의 피부는 형편없는 전기전도체이므로 차량용 배터리가 아주 많은 전류를 생산할 수 있긴 하지만, 사람 손이 닿았을 때 약간 따끔할 뿐 치명적인 쇼크를 일으키지는 않는다. 그렇다고 차량용 배터리를 함부로 만지거나 부주의해도 된다는 말은 아니다. 손상되거나 오래된 배터리 또는 부적절하게 사용되는 배터리는 심각한 부상을 일으킬 수 있다. 특히 차량용 배터리의 경우는 더욱 그렇다.

전보를 보내던 시절, 정보는 동 케이블(구리 케이블)을 통해 전송되었다. 대서양 횡단 케이블에서부터 가정용 전화선까지 늘 구리를 재료로 사용했다. 하지만 최근에는 확실하게 더 많은 정보를 전달할 수 있는 광섬유 케이블을 보다 빈번하게 사용한다.

구리 전선을 지하에 묻은 이유
구리 전선을 통해 정보신호를 전기 펄스 형태로 전달한다. 1800년대 초에는 단순한 on/off 신호인 모스부호를 이용해 전보를 보냈다. 글자를 장음과 단음의 모스부호로 변환하는 방식이었다. 기술이 더욱 발전하면서 전선을 통과하는 전류의 강도와 상을 변형시켜 하나 이상의 신호를 전송할 수 있게 되었다. 구리 전선은 피복 안에 여러 개의 케이블이 뭉쳐 있는 경우가 많으며 사고로 인한 손상이나 외부 간섭으로부터 안전하도록 땅속에 매립하곤 했다.

광섬유 케이블이 빛을 내는 원리
당신은 아마 광섬유 케이블을 본 적 있을 것이다. 광섬유 케이블은 첨단 조명과 경기장 내 플래시봉의 주재료이기 때문이다. 아주 단

순한 유리나 투명 플라스틱 관으로 구성되어 있어 빛이 움직이고 휘어도 한쪽 끝에서 다른 쪽 끝으로 전달될 수 있다. 광섬유 한 가닥으로도 빛이 새지 않고 관 아래로 움직일 수 있다. 이것은 전반사 때문에 가능하다. 광섬유에 쓰이는 물질은 관의 측면에 부딪히는 모든 빛을 반사하여 관 내부로 돌아가게 하는 성질을 갖고 있다. 이 과정을 돕기 위해 어두운 색 피복을 유리 주위에 감아둔다.

광섬유가 구리 전선을 대체하는 이유

광섬유 케이블은 빛의 펄스를 이용해 작동한다. 기존의 구리 전선과 같이 광섬유도 on/off 신호와 마찬가지인 1과 0을 한쪽 끝에서 다른 쪽 끝으로 보낸다. 다만 전송되는 빛의 주파수를 변경하여 구리 전선보다 10배 많은 신호를 전송할 수 있다는 차이점이 있다.

광섬유의 장점은 전달하는 정보량만이 아니다. 광섬유 케이블은 전송 거리가 더 길어서 데이터를 손상 없이 더 먼 거리까지 보낼 수 있다. 또한 구리 전선보다 내구성이 뛰어나고 수명도 길다. 구리 전선은 피복이 보호해도 시간이 지나면 산화되고(공기에 노출되어 물질이 변성되는 것을 말한다) 효율이 떨어진다. 게다가 구리 전선은 전기를 사용하기 때문에 신호에 손상을 줄 수 있는 외부 전자기장의 영향을 받는 반면, 광섬유는 빛을 사용하므로 이런 문제가 없다. 또한 광섬유 케이블이 더 안전하다. 광섬유 케이블을 도청하는 것은 불가능하고 구리 전선과 달리 신호를 유출하지 않는다. 광섬유가 모든 곳에 보급되지 않은 이유는 비싼 가격과 기존에 매립되어 있는 구리 전선 네트워크 때문이다. 하지만 구리가 더 비싸지고 광섬유가 더 저렴해지면 결국 노후된 구리 전선을 광섬유로 교체하게 될 것이므로 미래는 광섬유에 있다고 할 수 있다.

스피커가 자석을 이용해서 소리를 만든다고?

스피커는 더 이상 호기심을 끄는 물건이 아니다. 물리적으로 기록된 파동을 추적하고 증폭시키는 지지직거리는 축음기 시대는 오래전에 끝났다. 현대 스피커는 자석을 앞뒤로 움직여 소리를 만들어낸다.

자석으로 소리를 만드는 스피커

스피커는 (전류가 흐를 때만 자성을 가지는) 작은 전자석이 붙어 있는 반유연성 원뿔로 구성되어 있다. 그 바로 옆에는 더 큰 영구자석이 있어서 전자석을 통해 사방으로 흐르는 전류가 더 큰 자석을 밀어내거나 자석 쪽으로 끌린다. 사람의 목소리에서 폭포의 굉음까지 대부분의 소리는 공기 진동의 결과다. 스피커는 내부의

공기 진동을 발생시키기 위해 원뿔의 바닥에 있는 자석을 밀고 당기며 조심스럽게 제어해 음악, 연설 및 기타 모든 종류의 소리를 만들어낸다.

다른 스피커, 다른 소리

오디오 애호가라면 서브우퍼부터 '트위터'까지 현존하는 수많은 종류의 스피커에 대해 줄줄 꿰고 있을 것이다. 스피커는 모두 같은 기본 원리로 작동하지만 약간의 차이점이 있다. 대개 원뿔 모양의 차이에 따라 어떤 스피커는 높은 주파수에서, 또 어떤 것은 낮은 주파수에서 좀 더 양질의 사운드를 만들어낸다. 비록 규모는 더 작지만 헤드폰 역시 기본적으로 스피커와 같은 방식으로 작동한다. 헤드폰은 외이도 안에 있는 상대적으로 적은 양의 공기만을 진동시킴으로써 규모의 열세를 보완한다.

변압기는 어떤 방식으로 전기를 변화시키는 걸까?

경고 표시로 도배된 길가의 건물부터 충전기에 붙어 있는 작은 상자에 이르기까지 변압기는 어디에나 있다. 그러나 이렇게 흔하게 볼 수 있는 변압기가 어디에, 어떻게 사용되는지 아는 사람은 그리 많지 않다. 변압기는 전기를 전송하거나 사용하기 위해 전압을 줄이거나 늘린다.

상자 안에선 무슨 일이 일어나는가

변압기는 3가지 주요 요소(전기가 들어오는 일차코일, 전기가 나가는 이차코일, 철심)로 이루어진다. 일차코일에 전류가 흐르면 철심에 자기장이 유도되고, 철심은 다시 이차코일에 전류를 유도한다. 이런 과정을 거쳐 변압기의 한쪽에서 다른 쪽으로 전기가 이동한다. 변압기를 이동하면서 변화하는 건 전기의 전압이다. 변화의 정도는 일차코일과 이차코일이 감긴 수에 따라 결정된다. 일차코일이 감긴 수가 이차코일보다 많으면 전압은 증가하고, 그 반대의 경우 전압은 감소한다.

발전소에서 가정으로 오면서 겪는 변화

어떤 나라에서는 발전소에서 25,000볼트의 전기를 생산하지만 송전하기 전에 전압을 변경해야 한다. 전기가 가공선架空線을 타고 이동할 때는 전류가 낮을수록 전력손실이 커지므로 전압을 400,000볼트로 증가시킨다. 이 정도 전압이면 집에 있는 모든 전자 제품이 폭발할 수 있기 때문에 전기는 집에 도달하기 전에 먼저 지역 변전소로 가서 (가정용 전압으로 사용되는) 120볼트로 감소된다. 그 후 전기는 집과 사무실로 보내지는데 소비자는 가정용 전압에서 작동하도록 설계되거나 알맞은 수준으로 전압을 줄이는 소형 변압기가 달린 장치를 플러그에 연결해 사용한다.

발전소는 거대한 주전자와 같다고?

전기를 항상 '스탠바이' 상태로 유지하는 것은 쉬운 일이 아니다. 우리가 매일 필요로 하는 충분한 에너지를 생산하기 위해 거대한 발전소 건물이 지어진다. 엄청난 첨단 시설로 보이는 발전소는 사실 어떤 평범한 주방 용품과 공통점을 가지고 있다. 이유야 다르지만 발전소와 주전자는 모두 많은 양의 증기를 뿜어낸다.

발전기가 하는 일

자기장 안에서 전선을 움직이면 전류의 흐름을 유도할 수 있다. 가장 효율적으로 전기를 만들려면 자기장 내에서 한 가닥의 전선을 회전시키면 된다. 전선을 일정한 속도로 회전시키면 전류가 전선을 따라 안정적으로 흐르게 된다. 자기장 내에서 전선을 한 방향으로(위) 반 바퀴만 돌렸다가 다른 방향으로(아래) 반 바퀴를 돌리면 전선 내의 전자가 한 방향으로 흐르다가 반대 방향으로 흐른다. 이것을 교류 AC라고 하는데 가정집에서 흔히 사용하는 전기가 바로 교류다.

거대한 주전자

단순한 수동 크랭크나 바퀴로 전선을 회전시

켜 교류를 발생시킬 수도 있지만, 발전소에서는 엄청난 양의 전기를 만들어야 하기 때문에 보다 효율적으로 전선을 회전시킬 방법이 필요하다. 거의 모든 발전소가 같은 방식을 사용하는데 바로 연료를 태워서 주전자처럼 엄청나게 큰 통에 담긴 물을 끓이는 방식이다. 석유, 가스, 석탄, 심지어 원자력발전소까지 모두 각각의 연료를 사용해 물을 끓인다. 일단 물이 끓는점에 도달하면 엄청나게 뜨거운 증기(최대 섭씨 593도인 반면, 일반 주전자는 섭씨 100도에서만 증기를 생산한다)가 빠르게 상승하여 터빈을 회전시킨다. 이 회전 터빈은 발전기에 연결되어 전국에 송전될 전기를 생산한다.

재생 가능 에너지

재생 가능한 형태의 에너지는 대부분 터빈을 회전시켜 전기를 만들어낸다. 풍력발전소는 당연히 바람으로 터빈을 추진시키고, 수력발전소의 터빈은 댐에서 떨어지는 엄청난 양의 물에 의해 회전한다. 바이오매스와 지열 에너지를 사용하는 발전소에서도 재생에너지로 물을 끓여서 터빈을 돌리는 증기를 만든다. 태양열만 예외다. 일부 태양열발전소는 거울

을 이용해 태양빛이 발전소 안으로 반사되어 들어오게 한 뒤 마찬가지로 물을 끓여 증기를 생성한다. 하지만 태양전지판의 태양전지가 햇빛을 흡수해서 전자를 방출하여 전류를 생산하는 방식이 더 일반적이다.

핵융합 : 미래의 연료

과학자들은 향후 수십 년간 유망하고 풍부한 에너지 자원의 하나로 핵융합 에너지를 꼽는다. 핵융합은 태양핵과 똑같은 조건에서 수소 원자 2개가 융합하여 하나의 헬륨 원자를 만드는 과정인데, 화석 연료와 비교할 때 450그램당 천만 배나 많은 에너지를 만들어낸다. 하지만 이렇게 진보된 형태의 연료를 이용하는 발전소도 여전히 터빈을 돌리는 증기를 생성하기 위해 그 연료를 물 끓이는 데 사용한다.

SF 영화 속 양자컴퓨터,
현실에서도 곧 상용화된다?

컴퓨터는 계속 더 작아지고 빨라지지만 한계에 도달하기 시작했다. 트랜지스터(컴퓨터에서 가장 작은 부품)는 이미 적혈구보다 500배 더 작아졌다. 이 수준에서 양자효과는 전통적인 구성 요소가 더 이상 작동하지 않는다는 것을 의미한다. 양자컴퓨터가 특별한 이유는 바로 양자효과를 이용하여 엄청난 양의 정보를 저장하고 처리하기 때문이다.

큐비트란 무엇인가

일반 컴퓨터의 정보는 자기 매체의 한 부분에 비트 형태로 저장된다. 비트는 1과 0이라는 2개의 값을 갖는다. 반면에 큐비트는 전자의 회전(위와 아래) 또는 광자의 상(수직과 수평)이라는 2가지 상태를 가질 수 있는 물질의 속성이다. 큐비트는 중첩이라는 양자효과를 이용하여 동시에 2가지 상태가 될 수 있고 당신이 사용할 때는 둘 중 하나의 상태가 된다. 이것은 같은 공간에 여러 개의 정보를 저장할 수 있다는 것을 의미한다.

예전의 8비트 비디오게임은 한 가지 정보를 저장하는 데 8비트를 사용했지만 만약 8큐비트를 이용한다면 큐비트는 동시에 1과 0

이 될 수 있는 확률을 갖고 있으므로 256비트의 정보를 저장할 수 있다. 그리고 이 숫자는 기하급수적으로 증가한다. 현대의 컴퓨터는 대개 64비트를 사용하여 정보를 저장한다. 그렇다면 같은 큐비트를 가진 컴퓨터는 18,446,744,073,709,551,616배의 정보를 저장할 수 있다.

나랑 상관이 있나?

가정용 컴퓨터나 핸드폰이 빠른 시일 내에 양자 기반으로 바뀐다고 기대할 수는 없고 양자컴퓨터가 아직 초기 개발 단계이긴 하지만 우리 삶에 곧 영향을 미칠지 모른다. 과학자들은 양자컴퓨터의 뛰어난 성능과 저장 능력을 이용해 보다 정확한 모델을 만들어내고 더 복잡한 문제를 해결하여 각종 연구 성과를 크게 개선시킬 것이다. 하지만 더 시급한 걱정거리는 데이터 보안 문제다. 현대의 컴퓨터는 복잡한 수리적 암호를 사용하여 보안을 유지한다. 슈퍼컴퓨터가 128비트 AES 표준 알고리즘 키를 해독하려면 우주 나이의 10억 배에 달하는 시간이 걸리지만 양자컴퓨터라면 단 몇 분 만에 가능할지도 모른다. 그래서 이미 보안 전문가는 미래에 필요한 새로운 보안 방법을 고민하고 있다.

읽는 속도를 절반으로 줄이는

큐비트가 돋보이는 이유는 저장 공간뿐만이 아니다. 양자 얽힘을 이용하면 2개의 큐비트를 연결해 하나가 0일 때 다른 하나는 항상 1 또는 하나가 1일 때 다른 하나는 항상 0 이런 식으로 해서 하나가 1일 때 다른 하나도 1이 되는 등 무엇이든 원하는 조합을 만들어낼 수 있다. 이것의 의미는 한 줄의 큐비트만 읽으면 두 줄의 내용을 알 수 있어서 읽는 속도를 절반으로 줄이고 믿을 수 없을 정도로 빠르게 데이터를 처리할 수 있다는 뜻이다!

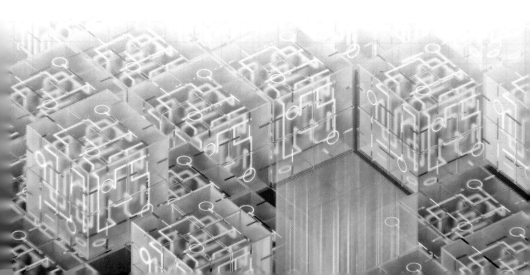

작은 점, 픽셀로
모나리자를 그릴 수 있다고?

우리는 컴퓨터, 전화기, 기타 장치에서 항상 픽셀을 보고 있다. 하지만 픽셀이 무엇인지 또는 어떻게 작동하는지 확실히 알고 있는 가? 픽셀(화소)은 디지털 화면의 가장 작은 요소다. 픽셀이 모여서 이미지를 생성한다.

그림에 색칠하기

픽셀은 네모난 모양의 작은 점으로 어떤 색이든 만들어낼 수 있지만 한 번에 한 가지 색만 가능하다. 모자이크 그림과 비슷하게 여러 개의 픽셀이 합쳐지면 이미지가 형성된다. 픽셀 수가 적으면 단순한 모양밖에 만들 수 없지만 픽셀 수를 늘리면 보다 사실적으로 보이는 이미지를 만들 수 있다. 픽셀 수가 아주 많으면 완성된 이미지가 픽셀(점)로 만들어졌는지 식별하기 어렵다.

환상의 빛

사람의 뇌는 시각적인 속임수에 잘 넘어간다. 우리는 실제로 수십만 가지 색을 보지만 픽셀은 그렇게 많은 색을 만들 필요 없이 단지 빨강, 초록, 파랑이면 충분하다. 프린터가 3가지 잉크를 섞어서 당신이 원하는 모든 색상을 만들 듯이 3가지 원색을 다양한 비율로 배합하여 눈부신 배열을 만들 수 있다. 화면의 종류마다 작동하는 방법은 조금씩 다르지만 가장 많이 사용되는 화면 중 하나는 LCD다. LCD 화면에서 하나의 픽셀은 빨강, 초록, 파랑의 하위 픽셀로 구성된다. 그리고 픽셀을 덮는 필터는 빨강, 초록, 파랑의 3종류가 있다. 처음에는 각 필터에 있는 결정체가 서로 단단히 결합하며 하위 픽셀의 빛을 모두 차단한다. 하지만 필터에 전류가 흐르면 결정체 사이의 간격이 벌어져 더 많은 빛이 통과한다. 3가지 필터를 세심하게 조정하면 수백만 가지의 색상을 조합할 수 있어 더욱 사실적인 영상을 만들 수 있다.

픽셀과 해상도

많은 사람, 특히 광고주는 픽셀 수가 많을수록 좋다고 말할 것이다. 당신 또한 그 뜻은 잘 모르더라도 해상도에 대해 들어봤을 것이다. 컴퓨터 화면의 일반적인 해상도는 1,920×1,080이다. 이것은 왼쪽에서 오른쪽으로 1,920픽셀과 위에서 아래로 1,080픽셀, 둘을 곱해서 총 2,073,600픽셀이 있다는 것을 의미한다. 가장 큰 핸드폰 화면은 1,440×2,560의 고해상도로 무려 3,686,400픽셀을 제공한다. 하지만 해상도는 화면 위의 픽셀

수를 알려줄 뿐 화면의 크기는 알려주지 않는다. 예를 들어 해상도 1,080×1,920인 핸드폰 화면은 1,920×1,080인 컴퓨터 화면보다 같은 크기에 더 많은 픽셀을 가지고 있어 훨씬 높은 화질을 제공한다.

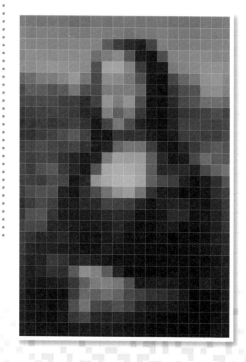

배터리는 어떻게 충전되는 걸까?

배터리는 꽤 비싸고 배터리를 폐기하는 과정에서 환경을 해칠 수 있다. 이런 이유로 사람들은 배터리를 계속해서 사용할 수 있는 방법을 알아내기 위해 많은 노력을 기울였다. 충전식 배터리는 전기를 이용해 가역반응을 일으켜 스스로 전기를 만들어낸다.

배터리는 어떻게 작동하는가

모든 배터리는 같은 방법으로 작동한다. 배터리의 구성을 보면 크게 금속 부분과 (아연과 카드뮴 같은) 환원제라 불리는 또 다른 화합물이 있다. 금속과 환원제를 다양하게 배합하여 여러 종류의 배터리를 만든다. 배터리가 회로에 연결되면 금속은 산화한다. 이것은 금속이 산소와 결합하면서 화학 성분이 변하여 전자를 방출할 수 있다는 것을 의미한다. 방출된 전자는 회로를 흘러 전류를 생산하고 배터리로 다시 흘러가 환원제로 들어간다. 결국 금속이 모

두 산화되어 회로를 흐를 수 있는 전자가 더 이상 없을 때 배터리의 수명이 끝난다.

충전식 배터리의 원리

충전식 배터리의 경우는 다르다. 왜냐하면 (니켈 카드뮴이나 리튬 이온과 같은) 특정 물질을 금속과 환원제로 선택하여 가역반응을 일으킬 수 있기 때문이다. 외부 전원을 충전식 배터리에 연결하면 환원제 속에 들어간 전하가 다시 나와서 회로 주위를 돌아 금속으로 들어가게 만든다. 금속이 환원되며 전하를 다시 흡수한다. 이는 배터리가 다시 사용될 준비가 되었다는 의미다. 하지만 이러한 가역반응은 완벽하지 않아서 시간이 지남에 따라 금속의 일부에서만 가역반응이 일어나게 되고 산화되는 금속 양이 적어지기 때문에 배터리 용량이 점차 줄어든다.

컴퓨터와 전자기기

COMPUTERS AND ELECTRONICS

자신이 컴퓨터 전문가, 컴퓨터의 달인이라고 생각하는가?
그렇다면 다음 퀴즈로 능력을 시험해 보라.

Questions

1. 하드 드라이브가 더 작아지도록 도움을 주는 미래의 기술은 무엇인가?

2. 와이파이는 어떤 종류의 파장을 이용하는가?

3. 차량용 배터리가 생산할 수 있는 암페어는 얼마인가?

4. 스피커에 사용되는 자석의 종류는 무엇인가?

5. 광섬유는 정보를 전달할 때 무엇을 사용하는가?

6. 변압기 이차코일의 감긴 수가 더 적으면 전압은 어떻게 되는가?

7. 터빈을 돌리는 방식을 사용하지 않는 발전의 종류는 무엇인가?

8. 양자컴퓨터에서 데이터를 저장하는 부분의 이름은 무엇인가?

9. 충전식 배터리를 구성하는 2가지 물질의 이름은 무엇인가?

10. LCD 화면의 픽셀 색상은 총 몇 가지인가?

Answers

정답은 214페이지에서 확인하세요.

Speed Quiz Answers

물리학자(27페이지)

1. 4개

2. 다이아몬드

3. 밀레투스(오늘날 터키)

4. 대화

5. 폴로늄과 라듐

6. 펄서

7. 놋쇠

8. 에테르

9. 나치

10. 캘리포니아 공과대학(칼텍)

기초물리학(51페이지)

1. 무거워진다

2. 감마함수

3. 에너지

4. 청색편이

5. 3시그마

6. 백금 이리듐

7. 1개

8. 영구자석과 전자석

9. 상대성

10. 엔트로피

생물물리학(65페이지)

1. 4개

2. 양면이 오목한 원반 모양

3. 유스타키오관

4. 5만 년

5. 전자기

6. 초록색(또는 흰색)

7. 삼각형

8. 규소 기반

9. 3,500만 개

10. 사마륨

힘(83페이지)

1. 부력

2. 89퍼센트

3. 회전력

4. 최종 속도

5. 마찰

6. 블랙홀

7. 5마리

8. 섭씨 70도

9. 고체

10. 비뉴턴유체

입자(103페이지)

1. 쿼크

2. 백금

3. 전자기장

4. 둘 다

5. 중성미립자

6. 안개상자

7. 수소

8. 양전자

9. 하이젠베르크 불확정성 원리

10. 알파, 베타, 감마

천체(127페이지)

1. 왜곡시킨다

2. 달

3. 595킬로미터 이상

4. 섭씨 5,537도

5. 핼리 혜성

6. 유성

7. 카이퍼 벨트

8. 남십자자리

9. 6시간

10. 2492년

우주학(145페이지)

1. 피자

2. 사건의 지평선

3. 초신성의 중심핵

4. 2.7켈빈

5. 약 70퍼센트

6. 138억 년

7. 4차원

8. 빅 크런치

9. 우주배경복사(Cosmic Microwave Background)

10. 찬드라세카 한계

날씨(157페이지)

1. 섭씨 0도~영하 11도

2. 물방울

3. 반시계 방향

4. 9~48미터

5. 약 2.9킬로미터

6. 질소

7. 수소와 산소

8. 혼돈이론

9. 허리케인이 바닷물을 육지로 밀어내는 현상

10. 오로라 오스트랄리스

물질(171페이지)

1. 탄탈 하프늄 탄화물

2. 금속을 결합시키는 능력

3. 약 30년

4. 탄소

5. 정전기

6. 섭씨 영하 200도

7. 진동

8. 플라스틱 폴리머

9. MRI 기계

10. 지구의 지각

기술(187페이지)

1. 초콜릿

2. 이산화규소

3. 섭씨 영하 270도

4. 압력

5. 흑연

6. 융합과 분열

7. 아래쪽

8. 물

9. LED(발광 다이오드)

10. 편광 효과

컴퓨터와 전자기기(207페이지)

1. 가열 자기기록(Heat Assisted Magnetic Recording)

2. 전파

3. 400암페어 이상

4. 전자석

5. 빛

6. 전압이 감소한다

7. 태양열 에너지

8. 큐비트

9. 니켈 카드뮴, 리튬 이온

10. 3가지 : 빨강, 초록, 파랑

🦘 있어빌리티

교양수업___ 생활 속의 물리학

초판 1쇄 발행 2020년 6월 19일   2쇄 발행 2021년 5월 12일
지은이 제임스 리스   옮긴이 박윤정   펴낸이 김영범

펴낸곳 (주)북새통 · 토트출판사
주소 서울시 마포구 월드컵로36길 18 삼라마이다스 902호 (우)03938
대표전화 02-338-0117 팩스 02-338-7160
출판등록 2009년 3월 19일 제 315-2009-000018호 이메일 thothbook@naver.com

© 제임스 리스, 2019
ISBN 979-11-87444-51-0 04400
ISBN 979-11-87444-49-7 (세트)